立志做小的農夫CEO

有機小農的創新營運模式，
把一畝田，
行銷全世界的共好經濟學

陳禮龍——著

目次

Green 1 我的一畝田

Green 2 我是 iFarmer

Green 3 食農教育

Green 4 可食地景

Green 5 有文化的產業

Green 6 因善而美好

Green 7 綠善到對岸

Green 8 擁抱世界

推薦序

快樂而成功的「善」與「綠」傳播者

月足吉伸（中華ＭＯＡ協進會副理事長）

終於，我等到這一天，有這個榮幸替陳禮龍先生寫序，心裡感受很多，也充滿了感謝。

感謝陳禮龍先生一直以來的堅持、一直以來不斷地向前走。和陳禮龍先生認識近十年，他總是會用很有元氣的口氣叫我「月足桑」。每次見面從沒聽到他嘆氣或是抱怨遇到的困難，總是用全身的力量來做好、做完每件事情，每個活動。

一開始認識時，沒有感覺陳禮龍是一個有機農夫，對話談吐中，就是做事非常有系統的一位科技人，但對於有機農業的認真學習態度也不輸他人，非常投入農業工作當中。陳禮龍夫婦兩人同心，回到娘家，回到鄉里，把頤禾園有機農園給一步一步走出來了，不僅僅是對土地的友善，他們對鄉里的友善、對於環境的友善，都一一落實著。

令我最尊重的是，他們夫妻那樣將善的力量不斷傳播，歡迎複製善的力量那樣的信念，一刻沒停止，每年每年往山上送鞋、送米。手心翻轉的計畫，單車環島的募款等等。誰能想像這座善的有機農場，只有他所謂的二．五個人在進行經營呢。因為他聚集了更多善的力量、善的團體，一起將力量傳遞得更遠。頤禾園農場也提供國際學生的學習與交流，將他的 know-how 傳承給更多年輕人，這是更難能可貴的。

一直以來，在台灣盡我所能地推動 MOA 自然農法、有機農業等等，一路上遇到很多讓我非常敬佩的前輩，當中包含了陳禮龍先生。成功絕對不是只靠著運氣好，而是要不斷的努力、不斷的自省，才可能一步步向前走。

然而，快樂也享受其中的成功者，更是值得學習。陳禮龍夫婦就是這樣的快樂成功者，花了十年的時間，從零開始的第一步，不僅踩得穩，而且有很多人陪伴著一起走，因為他們先把手掌向下伸出，給予了土地、環境與人的友善，才能有這麼快樂的成就。

最後，真的很感謝陳禮龍夫婦一直以來與 MOA 的相互支持，謝謝他們對大地的愛護，對後代的正面影響。期待下一個十年，能看到更多善的循環。

推薦序

結合民居保護、文化創意、自然共榮的有機新業態

王瑞榮（四川瑞雲集團董事局主席）

欣聞有機農人陳禮龍（Soho）先生所著《「立志做小」的農夫CEO》即將付梓，四川高何鎮的在地農民王有霞（阿霞）有些激動。因為，阿霞與土地的有機故事，是從二〇一五年認識Soho開始的。

兩年前Soho來到了位於成都邛崍高何鎮靖口村，加入到「天府紅谷」團隊中，與這裡荷鋤而歸的農人相伴，阿霞就是其中之一。

結識起初，阿霞滿腦子的疑問，是在怎樣的力量驅動下，才能使一個科技達人跨界成為一名踏實種菜的農夫。而後在看到他戴著草帽，在烈日下彎著腰，左手拿著幼苗，右手扶著泥土，像極了古時候的劍客，左手拿著削鐵如泥的寶劍，右手持著劍鞘，阿霞便明白了，土地就是Soho的江湖。「科技」是理念、手段和標籤，農夫才是他腳踏「食」地真實想做的事情。

「我們需要的不多，是我們想要的太多」。如今的阿霞，在紛至沓來的媒體面前，已經能把自然農法的理念娓娓道來。而在兩年多前，阿霞也是高何在地農民中再普通不過的一位。為了土地產出更多，他們使用化肥、農藥，年復一年。產量優先的耕作方式已經成為現代化農業的主流趨勢，食品品質與安全和祖祖輩輩傳下的理念已逐漸駁斥。不得不承認，時至今日，我們腳下的土地已經中毒了。這是現狀，也是現實。

而幸，隨著「天府紅谷」扎根於高何小鎮，Soho 也來到這裡，依託當地豐富的資源稟賦和自然安逸的生活，所提倡的與自然共生、保護老建築、傳承新鄉情理念，喚醒了阿霞與當地村民心中對土地的善意和尊敬。於是他們開始與大地交好，敬畏自然，呵養故土，選擇友善的耕種方式，拒絕使用農藥和化肥，用雙手親近土壤，用最自然的手法栽培出健康安全的農產品，用樸實的方式表達著感恩。

這僅僅只是「善與緣」的開始，「天府紅谷」的最終夢想是要營造善意的循環，創造與區域、企業、村民的集體共用價值。區域價值，是在天災之後，用實際產業連接並帶動區域個體，用善念和情懷去探尋鄉村永續發展之路，這是一條艱難而又可期的道路，相信歷經時間考驗，光芒更加閃爍；企業價值，不再是以經濟指標作為衡量盈虧的唯一標準，而是著眼到川西民居保護、有機農業的推廣、文化創意的串聯和與自然共榮的新業態，讓企業落地在有意義的事業上，讓企業價值發揮到最大，成為地方的驕傲；新老村民，不再單一考慮怎樣養活自己，用區域產業業態喚起他們內心深處最原始對自然、土地和生命的熱情。

一顆善與緣的種子，帶動一個與眾不同的事業。如果說從科技人到新竹有機小農是Soho人生冒險的抉擇，那「緣善到對岸」、「擁抱世界」則讓Soho人生實現華麗轉身。走在善與緣路上的天府紅谷，致謝Soho。

老子曰：「人法地，地法天，天法道，道法自然。」在一個浮躁而喧囂的時代，讀Soho這本關於「善與緣」的書，如沐春風。

丁酉年六月二十八日於　四川・邛崍

推薦序

建構青農立業成家新模式的創新農業指南

李文權
（財團法人農業科技研究院院長）

認識陳禮龍先生是在他擔任「新竹婦女社區大學有機蔬菜班」講師的時候，每週五晚上三小時的課，加上週六早上四小時的實地演練有機耕作；他帶我進入了有機農業生產的門戶。就我所知，在竹東軟橋里的「頤禾園有機農園」，是台灣西北部都市近郊，最接近天地人合一的有機農場。在這裡孕育了熱情、純真、自然、打拚和融合科技，有機農業所有的元素，轉化、凝聚在這塊土地和陳老師、陳師母身上，成為「善與緣」的緣分。

我的農業生技公司創業和任職農科院，和陳老師息息相關。他提供了場域，並指導同仁生產、銷售有機草莓，建構成為年輕農務者（青農）立業成家的新模式；陳老師提供的企業經營管理、優質農產品產銷的數據，佐證了模式的可行性和永續性。經過結合許多從事有機、友善農耕而成功同好者的經驗，分析新世代農民翻轉傳統慣行農業的有力元素，竟然也是「善與緣」，因其廣度及深度，此種成分成為陳老師的天然，不禁令人感動不已。

因緣際會，新政府相當重視「小農生計發展和農業資源永續發展」，我也持續不斷地將在陳老師身上所學到的「生產、生活、生態」三生理念結合到青農育成輔導方案，更進一步發展成為企業青農或青農企業家育成體系，期望以「打群架」（群聚）的團體戰，提供小農在農村發展經濟的範例。有了陳老師這本「農夫CEO」當為創新農業指南，經過學習、發展小農自我優勢特色，透過社區、社會互助網絡，發展小農成功的六級農業產業、不斷複製到各地，繁榮鄉村經濟，是指日可待的。

陳老師十年來，回鄉創新農業的努力過程，足可成為典範，直到現在仍然不斷地影響很多人，包括我在內。有一次，我笑著問他當初以二十四萬元創農業，到底有沒有賺錢，現在營收多少？從他燦爛的笑容，回答我說八位數字的小農還可以再發展。我心中不禁莞爾：哪天要請他出來代言小農經濟模式和有機農業。沒想到，之後就接到他電話，希望我能為他即將出版的書寫序，真是莫大榮幸！很希望這本書，將他成功的經驗、經歷分享、激勵「立志務農」的朋友，心存「善與緣」，再加上善理財務和資訊科技，台灣的農業大地，必然回饋給我們「豐富多彩、滿足的人生」。在陳老師、陳師母身上我們見證了這個魅力。

推薦序

以「新綠色革命」提升食農產業的格局

邱子權
（財團法人好食好事基金會執行長）

人類在過去數十年間，透過綠色革命（Green Evolution）帶動了糧食收穫的增加，並成功逃過了馬爾薩斯（Malthusian）對於人口成長將帶來糧食恐慌的末日預言，但隨著許多已開發國家民眾對飲食健康與環境永續的重視，各界對於這項以仰賴化學肥料及農藥導入的作物生長模式的可持續性與副作用，也開始展開反思與檢討。

有機農業便是友善大地的其中一種耕種方式。其好處除了減輕民眾對基因改造作物與化學肥料長期對人體與環境影響的疑慮外，也有助於支持土壤的健康與促成生態的多樣性。然而其作業除需種植技術與知識投入外，耗工費時，使得有機農法耕種所得的農作物普遍存在成本與售價較高的現象，也讓農民在不擅長行銷的情形下，降低對此種耕種模式的普及率。

本書作者以尊重大地的「善念」為出發點，投身有機農場的事業經營，在「小農」

的規模下，藉由社區經營，會員在地化的概念，聚焦社區經營與計畫性生產來調節產銷，以穩定經營體質，並透過創造農場體驗等附加價值及導入科技管理的作法，來增加多元收入，支持農場運營及公益投入，非但能提升在地產業，降低碳排放，達成產地資訊透明的作用，也能提升鄰里顧客信賴，讓有機農法耕種模式得以延續。在農民平均年齡已屆高齡，年輕世代返鄉投入務農比例較低，農業經營亟待創新思維的今日台灣，值得許多有志從事農業新創的後繼者參考與學習借鏡。

「好食好事基金會」作為一個推廣食農創新與國際化的基金會，致力推廣以創新的思考來解決未來食農的產業與環境在「透明」、「健康」、「永續」方面的課題，我們樂見更多青年能同本書作者一般，投身台灣農業，更期待青年的投入與創新，在未來能創造出兼顧產能效率與環境永續的「新綠色革命」，共同提升台灣食農產業的格局。

推薦序

疼惜土地，與農民那顆「向天奮鬥」的心

邱鏡淳（新竹縣縣長）

大街小巷總是可以聽到「自己種、自己賣」的熟悉叫賣聲，那是辛勤汗水伴隨最真摯期盼的驕傲。自稱科技漂鳥的陳禮龍先生，從科技業大老闆轉行成為竹東軟橋社區有機農場主人，在人生的起起落落中，秉著客家人的勤奮與執著，悟出了歸園田居、崇尚自然的道理，貫徹有機農法與食農教育及國際推展，拼湊出最美的新竹面孔。

「新竹」就是「雨後春筍」！朝氣蓬勃、希望無窮，稻菜花草更在新竹風、新竹雨的滋潤下加速茁壯。很多農民為了家人好、為土地好而耕種，這是以愛為出發點的產品，值得驕傲與信任，人與人之間也因為正向的態度，不斷地學習成長，並透過互信的方式，讓更多人分享食物的原味。

「上學前放學後，農事做不完」，一直是年少最深刻的記憶，多麼希望所有的父

母官，心存疼惜農民那顆「向天奮鬥」的心。或許「第一次當農夫就上手」並不容易，但是「晨興理荒穢，帶月荷鋤歸」的心境，還有那「衣沾不足惜，但使願無違」的悠然，就不是金錢可以買得到的。

我想每個人心中都有一畝綠地，透過陳禮龍先生《「立志做小」的農夫CEO：有機小農的創新營運模式，把一畝田，行銷全世界的共好經濟學》，無論是農夫、居民或旅人，在小小的園地中，仍得以咀嚼出最樸實且誠懇的滋味。

感佩陳禮龍出身科技人卻投入善與綠的有機農場經營，在社區大學倡導糧食自給、土地友善，吸引世界多國大學生到竹東認識台灣農業，還不時捐贈銷售有機米的部分所得，送愛心鞋到偏鄉鼓勵弱勢學童，簡單付出卻展現無限的愛！

推薦序

推行生產、生態、生活「三生一體」的綠色產業

許明德（國立清華大學財務規劃室主任）

我和陳禮龍先生認識近二十年了。

那時，我任職中興保全總經理，要推出新一代保全系統，找了幾家科技公司合作研發。陳先生當時是新竹科學園區一家網路公司總經理，我們成了合作夥伴。

後來陳總經理離開科技業，回到新竹竹東老家務農，倒是讓我嚇了一跳。一般來說，科技人都是在退休後才想隱居山林，享受田園之樂。陳總經理在少壯之年轉行農業，倒是比較少見。

後來財團法人自強工業科學基金會要開辦「有機農場研習營」，因為自強基金會位在清華大學校園，所以尋求附近新竹地區的有機農場合作，結果找上了竹東地區的「頤禾園」共同合作開班。

頤禾園的園長正是陳禮龍先生，而我是自強基金會董事長，就這樣我們兩人又搭

上線了。

這期間，我數次參訪頤禾園，了解課程進度、上課狀況。頤禾園位在竹東偏鄉的山谷，一片綠油油的稻田，在那裡我享用零里程的最新鮮食材；從山谷引來的淙淙流水，清涼透澈，泡腳是一大享受。最令我印象深刻的是，山谷裡時常飄來山嵐，拂面而過，令人心神淨化。

我發現陳先生不是隱居務農，而是將他在科技業的知識和經驗，運用在有機農場的創新創業。他以本身的網路專業，結合網路科技與有機農業，建構農場無線網路，不僅方便田地現場資訊及時上傳，也可網路遠端監控農田。另外，消費者可利用網路，透過雲端下單及便利的繳款機制，完成購買。

他從「善」出發，以善做「綠」，敬天順時，師法自然，推行生產、生態、生活「三生一體」的綠色產業。他更走向國際化，廣泛與國外有機農場交換心得，開辦國際有機農場體驗營，招收國外學生來農場實習，把台灣二一．五小農行銷到全世界。

雖然只是小農，他不忘善盡社會責任。「吃好米、做好事、送好鞋」，義賣自己生產的好米，義賣所得買新鞋子送給新竹五峰鄉、尖石鄉深山裡的弱勢學童；推動「手心翻轉」計畫，幫助天主教竹東世光教養院拙茁家園收容的身心障礙兒童，自己種蔬菜，從手心向上接受幫助，轉換成手心向下播種，自食其力。

歷經十年的奮鬥，如今斐然有成。陳園長不吝將他的經驗與心得寫成了這本書，與志同道合的朋友共同分享，把社區有機小農的理念，散播出去。

有句話「條條道路通羅馬」。陳禮龍園長證明了：只要有心，不僅條條道路通羅馬，更是條條道路都是康莊大道。

推薦序

走進當代桃花源，頤禾園裡耕天下

張連水（雲丘山旅遊開發有限公司董事長）

陳禮龍老師發來他即將付梓的書稿《「立志做小」的農夫CEO：有機小農的創新營運模式，把一畝田，行銷全世界的共好經濟學》，立即點擊閱讀。從日出之陽，讀到挑燈之夜，如飲清茶，如沐清風，猶如走進了了陶淵明那個桃花源，又不是那個再難尋覓蹊徑的桃花源，而是當代人需要返璞歸真，真實可觀、可鑒、可享的桃花源。

隨著現代化進程的加快，農業生產打破了傳統模式，機耕、農藥、化肥，以及變異的種子，成為拉高產量必不可少的條件。人類的餐桌上似乎再也沒有「日食三餐每念農夫之苦」的憂慮，但是，食之無味，食之有毒，食之有害，卻成為比低產量、比饑饉還令人憂慮的恐怖。

二十一世紀初，我開始觸及這個問題，後來把開發煤炭所獲用於開發翅果油，做成系列產品，旨在為人們的健康做點有益的事情。進而，又開發雲丘山，打造休閒養生度假的國家級４Ａ旅遊景區，給人以精神的愉悅和享受。雖然取得了一定成效，但是，終歸與返璞歸真，讓置身現代化都市的人們重返田園，距離還不小。所以，近年來我一直在探求中前進，在前進中喜悅，亦在前進中憂思，甚至「為伊消得人憔悴」。恰在此時，我結識了陳老師，並走進了他開創的有機農業基地：頤禾園。一進去，就令我耳目一新，就令我身心俱爽，大有「眾裡尋他千百度，驀然回首，那人卻在燈火闌珊處」的感覺。如今，陳老師將他的創業過程、開辦經驗，實錄成書，讓世人可以親歷親見，真是功德無量的大好事。

「先天下之憂而憂，後天下之樂而樂。」閱讀書稿，我耳邊響起范仲淹的這句話。好似重新站在頤禾園的田間，看著嫩生生、綠油油、齊刷刷的禾苗，感喟滿目生機。這生機何止是苗木帶給我的，是滋養苗木生長的手法帶給我的。毫無疑問，手法是現代的，卻沒有沾染一絲化學成分，可以不做任何誇張地炫示，這全是有機種植，有機農業，培育出的蔬菜、水果和糧食，都是地地道道的綠色食品。當然可以大膽食用，不，是放心食用。準確地說，是盡情享用，享受美味帶來的健康。如果陳老師沒有萬家憂樂繫心頭的高尚情懷，何以能有這種標新領異的舉措？

如今的頤禾園，已不僅僅是有機種植，還是觀光旅遊的好去處。看，一批批觀光體驗的客人去了，一批批觀光體驗的客人來了。彎下腰採摘，感受「采菊東籬下，悠然見南山」意境；直起腰照相，感受「田夫荷鋤立，相見語依依」情趣。在阡陌間行走，觀賞「黃鶯也愛新涼好，飛過青山影裡啼」美景；更別說在金黃的稻穗間擺開餐桌，坐在當代的時光裡，吃著古代的美味食物，似在做一次名副其實地「穿越」。真是酒不醉人人自醉，醉裡不知身是客，錯把田園當家園，好不快哉！

千萬不要以為，頤禾園撒下的只是植物的種子，還有精神的種子。用陳老師的話說，就是善念的種子。得知新竹深山僻鄉有孩童生活貧困，需要幫扶，陳老師就義賣有機米，開展「吃好米、做好事、送好鞋」的活動，連續七年，堅持不斷。每年他都帶著義工穿過崎嶇的山路，將新鞋送到天真純情的孩童手上，看著孩童燦爛的笑容，他們真比吃了蜜還要甜。如此，隨著孩童的長大，必然會把善念一代一代傳遞下去。不僅如此，他們還幫扶拙茁家園收容的身心有障礙的孩子。送鞋子不說，居然經由扶輪社捐款，協助辦起庇護農場，緩緩培育這些慢飛天使。好個頤禾園，有機植物茁壯成長，有機精神也在茁壯成長。這裡生長有蔬菜，有水稻，還有《論語》裡的長短篇章，字裡行間無不閃耀著「仁者愛人」的光芒。

如此美妙的頤禾園，倘要是養在深閨人未識，自然有些遺憾。不必擔憂，經過十年的運作，頤禾園名播遠近，前來取經索寶者絡繹不絕。美國、泰國、馬來西亞、印尼、柬埔寨、菲律賓、俄羅斯、捷克、德國、葡萄牙、瑞士、加拿大、巴西……等等，四十多個國家與地區的數百名國際友人紛至沓來，把頤禾園的有機農業好經驗帶回去，播撒在全球五大洲。如今已經落地生根的有，台灣桃園市龍潭美好基金會、四川省邛崍市高何鎮，當然還有我開發的山西省臨汾市鄉寧縣雲丘山旅遊景區。陳老師何止是在躬耕頤禾園，而是在頤禾園中躬耕天下啊！

閱讀是快樂的，閱讀陳老師關於頤禾園的圖書更為快樂。我不敢獨享快樂，願與您分享快樂，那就請您打開這部大著，一同走進頤禾園，走進陳老師創設的當代桃花源。

引言

善與緣的腳蹤永不止息

李淑珍（台北市立大學史地系教授）

初訪頤禾園

二〇〇九年二月，我首度造訪位於竹東軟橋的頤禾園。第一次見面，就對主人夫婦留下深刻印象。男主人陳禮龍溫文有禮，頭腦清晰，視野寬廣；女主人彭俐芳樸質大氣，沉默寡言，炯炯眼神中卻流露出無比堅毅。四十來歲的他們，怎麼看，都不像傳統的農夫農婦。

他們與我分享友善土地的理念，介紹種植有機蔬菜的溫室和機具，帶我去看堆肥處理場，也讓我笨手笨腳地種了幾顆菜籽。農園還處於草創期，只有〇．二五公頃，最傲人的設施是擁有急速降溫的冷藏庫，可以讓採收的有機蔬菜保鮮，調節產量。

軟橋是著名的有機稻米栽種區，竹東圳滔滔奔流而過，遠方五指山有煙嵐繚繞。

我望著四周的好山好水，心裡有些發愁：他們的田園夢，能不能如青山常在，綠水長流？

他們已是過河卒子，只能背水一戰、拚命向前。而我，自不量力地，隱隱覺得對這個夢想的實現有一份責任。

這要由一篇文章說起。

返鄉務農的一條活路？

那是金融海嘯席捲世界的二〇〇八年，景氣寒冬逼人，失業大潮湧現。正在研究台灣農業問題的筆者，投書報端，鼓吹青年返鄉歸農，政府補助有機農業，標題就是〈返鄉務農的一條活路〉：

根據台灣過往經驗，離鄉到城市就業的遊子，在經濟蕭條時期（如二十世紀七〇年代的兩次能源危機），往往選擇返鄉歸農，靜待景氣好轉。換言之，農村能發揮調節經濟、安定社會的功能，吸納失業人口、成為國家社會的安全瓣。

只不過，在政府長期「以農業扶植工業」的政策之下，如今台灣農村業已凋零殆盡、奄奄一息。被寵壞的城市消費者，不知稼穡艱辛；唯恐選票流失的政府，一遇青黃不接就要釋出公糧、進口外國產品，讓農家永遠被打得抬不起頭。記錄片《無米樂》放映時，北部觀眾笑聲連連，南部觀眾哭成一片，城鄉差異之大可見一斑。今日的中年失業者攜眷返鄉，面對的是父母垂老、田園荒蕪。即使他們有心拾起鋤頭，面對飽受工業汙染的水源、低迷不振的米糧價格，務農保證賠本，叫人哪有勇氣經營下去！

可是，危機也可以成為轉機。資本家浮華詐欺所造成的金融海嘯，讓人重新體會腳踏實地、簡單生活的可貴；長期為人口流失所苦的農村，可以因此喚回一些離鄉子弟。再者，在今年初經歷全球糧食危機之後，穩定農村、確保糧食來源，成為各國當務之急；返鄉歸農的青壯人口，社會應該給予鼓勵與肯定。

更重要的是，這一批教育程度較高、環境意識較強的「都市農夫」，或許也可以改變五〇年代以來大量使用化學肥料與農藥的「慣行農法」，使艱苦經營、發展零星的台灣有機農業得以茁壯、普及。如果有機農業能夠站得起來，不僅對農民及消費者的健康是一種保障，更讓長期耗竭、汙染的土地得以再現生機，其意義之重大自不待言。（註1）

不可否認地，有機農業門檻高、市場小，經營起來困難重重；但是筆者認為，比起急就章式地發消費券、提供短期工作機會，政府透過補助學校有機營養午餐，幫助青壯人口發展有機農業、在農村扎根，可以「救失業、救農村、救健康、救大地」，更有利於社會的長治久安。

這篇文章引起了不小的迴響，但也受到一些質疑。

一位轉行務農的知識青年說，除非有積蓄、人脈，不怕失敗和他人鄙視懷疑的眼光，否則最好不要輕易嘗試返鄉歸農；他是在「打落牙齒和血吞」，與債務壓力共處的情形下苦撐。

另一位資深農場主管則說，農業不只要有知識技術，也要配合天時地利，需一段實習歷程才能培養出能力。沒相當準備的人想務農賺錢，成功率極低；若又想做有機，那麼往往兩三天就被雜草打敗了。（註2）

我必須承認，他們說得都對。

更令我汗顏的，是一位素昧平生的讀者的來信：

註1：李淑珍，〈返鄉務農的一條活路〉，《中國時報》，二〇〇八年十一月二十七日。

註2：夏瑞紅，〈返鄉務農行路難〉，《中國時報》，二〇〇八年十一月三十日。

我的岳父秉持著保護地球、重視環境保護的理念，在新竹地區已經從事有機蔬菜種植將近十年的時間，由於有機農業是個辛苦的行業，就像您所說售價較高、曲高和寡，一直以來經營得相當的辛苦，尤其他的年紀已經七十出頭，身體也漸漸感覺吃力。

於是，在您筆下的所謂教育程度較高、環境意識較強「都市農夫」的我，希望能藉由管理的經驗及理論，再結合老人家專業教導，能夠繼續傳承有機產業的理念，決定投入有機農業的行列。

本人現年四十五歲，原本於一家資訊公司工作擔任主管職務，於二〇〇六年參加過農委會的園丁計畫，二〇〇七年參加農糧署的農業專業訓練，今年二〇〇八年也參加了桃園農業改良場的有機農場管理課程，於數月前開始計畫增購相關設備，準備全力投入有機生產，也希望政府相關單位給我們協助。

但是，問題來了。

由於各機關的本位主義和法律規章的矛盾，購買農地時，他難以獲得農業金融單位的貸款。因為仍有部分兼職收入，他被認定「有薪資所得」，所以不能適用利率二．〇％的農業改良專案貸款。而當他申請利率四．五％的農業抵押貸款時，他又被認定是「無薪資所得」，所以不能增加貸款額度。「無奈！無語！無力！」他的結論是：返鄉務農從事有機自然農法，是一條困難重重的死路！

這個忿忿不平的讀者，就是陳禮龍。

他後來告訴我，當看到我的文章時，實在氣不過：「天底下怎麼有這麼不食人間煙火的人，如此不負責任放言高論！」所以才會透過報社寫信向我抗議。

農貸困難的問題並非禮龍所獨有，而是許多參與「園丁計畫」及「漂鳥計畫」的學員的共同困擾。我不是農業專家，只是一個關心農村、關心環境的文史學者，看到返鄉農友所遭遇的困難，十分難過。當時外子剛進入政府工作不久，禮龍對公部門效率不彰的批評，更令我慚愧不安。

於是，我不揣冒昧，透過私人管道向農政單位請命。經過一些波折，農委會、農業金融局首長了解現行法規的確有窒礙難行之處，於是從善如流，研議修正相關農貸條件，將原來的「借款人尚有其他職業支領固定薪資者，應不予貸放」，修改為：「借款人應無農業以外之專任職業；如有兼職者，其所支領之年薪資所得應低於勞動基準法所定基本工資之全年總額」。這麼一來，「園丁計畫有丁無園，漂鳥計畫有鳥無巢」的困境可以紓解，所有農民都可以受惠。

貸款問題解決了，接下來，禮龍與俐芳胼手胝足，不分寒暑努力耕耘。他們通過MOA有機認證，摸索過農民市集的可行性，又熬過二〇一三年蘇力颱風的摧殘，終於開創獨樹一格的產銷模式，在新農中嶄露頭角。

禮龍像個傳道人一般，熱情地傳播友善大地的福音。申請有機驗證時，他希望以頤禾園為樣板，擔任農友及驗證單位之間的橋梁，導入有機驗證及產銷履歷的標準作業規範，協助農會推廣並輔導農民進入種植有機蔬菜的領域。

他號召社區媽媽、小學學童、企業家、工程師、各國留學生到頤禾園學習種菜，目的也在於推廣有機耕作，讓更多的人能夠認同他們的理念，一起為保護環境、土地永續利用共同努力。

他協助世光教養院拙茁家園的師生，改善有機耕作流程；還與矽谷扶輪社合作，為教養院搭建溫室、購置冷藏保鮮設備、轉介客戶給他們，提高教養院自給自足的能力，是為「手心翻轉計畫」。

在他們奮鬥的這段過程中，除了訂購有機蔬菜之外（青翠爽口的A菜是我的最愛），我能幫的忙並不多。他們毋寧是靠著自己一步一腳印，讓「返鄉務農的一條活路」終於成為事實。

耕耘心田，翻轉生命

我想，頤禾園的成功的因素很多。首先，高學歷的禮龍有資訊、管理、行銷多方面專長，將過去管理高科技業的專長運用在小型農業上，遊刃有餘。其次，農家出身的俐芳堅毅刻苦、嫻熟農藝，田間本領比先生高明得多！有她的「厚德載物」，才能支持禮龍「自強不息」。第三個祕訣一樣難得：不管人生、事業如何起伏，他們始終不忘「善」與「緣」的初衷。

身為新竹矽谷扶輪社創社社長的禮龍，每隔一段時間總會揪團行善，利己利人：

——來幫尖石鄉原住民行銷水蜜桃吧。

——你捐血，我送有機蔬菜！

——支持國中學生單車環島公益募款，點亮後山星子……

——加入頤禾園會員，送鞋到山上！

在耶誕節前後的日子，我曾兩度隨禮龍夫婦和扶輪社志工上山，除了送有機米，也為小朋友們量小腳丫、分贈球鞋。身材嬌小的修女趙姆姆為台灣原住民奉獻五十五年青春，把尖石鄉方濟托兒所打理得一塵不染；看到禮龍、俐芳，就像家人一樣親切。小朋友天真活潑，雀躍著領鞋、領餐盒，志工們一旁感動微笑。禮龍突然注意到一個小男生：「這個孩子一年都沒長高！」

丁松青神父創立的聖心幼兒園在五峰鄉大隘部落，學費一學期一千五百元，和城市學校相比低得可以；可是繳費單一發下去，好多家長就為之卻步，校車要滿山跑找學生。學校經費長期不足，夏園長既怕學生不來，也怕老師要走。我看著牆上的菜單，不知道絞肉豆干、炒豆子加番茄蛋花湯的一頓午餐，能不能讓師生吃得飽？有個清秀的小女孩吸引我的目光，禮龍卻若有所思：「生得愈美，將來的路可能愈坎坷。要好好教。」

去拜訪拙茁家園的身障朋友，禮龍、俐芳對那裡每個人的故事都瞭若指掌。俐芳感念剛過世的婆婆，戴著婆婆親手織就的老式毛線帽，有個大孩子不斷繞著她打轉：「阿姨，你好漂亮！阿姨，你好漂亮！」口氣卻兇得像罵人。一個總是甜蜜微笑的大嬸，看到禮龍前來，小女孩一樣害羞躲起來，原來她是他的頭號粉絲。有個俊秀男孩神情迷惘，車禍腦傷之後，他再也回不去原有的幸福人生。還有一個年輕人，一家三口分散在不同福利機構，他立志要學會按摩，賺錢為媽媽買一間房子！這個單純的願望，讓禮龍紅了眼眶。

我第一次去，院生欣喜地試穿別人送他們的新鞋；第二次去，院生已經能有模有樣地學俐芳種菜，賺了錢還能上山捐鞋給原民小朋友。當小朋友稚嫩地說「謝謝」時，院生立刻大聲回答：「不客氣！」從受助變為助人，這是他們人生中最自豪的一刻！

禮龍、俐芳的大愛，從何而生？不免令人好奇。

禮龍人前談笑風生、才思敏捷，其實他私底下嚴肅內斂，有很傳統的一面。他曾就讀耶穌會士創辦的內思高工，長期協助天主教的新事社會服務中心、方濟托兒所、聖心托兒所、世光教養院，我猜想他是個基督徒，沒想到他虔信道教。「讓土地滋養人們，人們相互幫助，如此一體共生，生生不息」，的確很符合崇尚自然的道家哲學啊！

不過，型塑他的價值觀的，與其說是某個信仰，不如說是他大起大落的人生。

他攀到峰頂、卻從雲端墜落的故事，人們已經熟知。二十七歲時他和友人合資，開設仁邦資訊公司，做光纖科技大樓的系統整合，在新竹梅竹山莊架設全台灣第一個社區網路，將公司經營得有聲有色。經過十幾年的奮鬥，資本額由五十萬擴張到數百萬、上千萬，最後竟然高達上億！他連續數年當選為傑出企業家，俐芳也一度過著貴婦般的生活。

二〇〇二年，有人勸他到美國納斯達克（NASDAQ）上市，他被成功沖昏了頭，依計而行，卻碰上了網路泡沫化的巨大震盪。辛苦經營的公司化為烏有，不但血本無歸，還背下鉅額債務，從雲端墜入深淵。經過一段時間掙扎，他們開始腳踏實地、砥礪心志的有機人生。

禮龍壓在心底、很少提起的，是他攀上峰頂之前的日子。那段銘心刻骨的經歷，也許說明了他們何以能夠如此淡泊自甘，又何以在現今拮据的生活中，還是不斷幫助更困難的人。

六七歲時，在水泥廠工作的父親因工安意外身亡，小小年紀的他到現場親眼目睹了遺體。寡母辛苦拉拔幾個小孩，他無暇享受快樂童年、叛逆青春，小學就到工廠打工；力氣大一些時，還要到山上拖竹子下山販賣。國高中時期，平時可以在校工讀，一放假就得進工廠。

幸運的是，就讀西班牙神父創辦的新竹內思高工自動控制科，為他打下扎實的技術基礎，也給了他溫文儒雅的風度教養。為了生活，他志願當兵留營，在軍中待了五年。慧眼獨具的俐芳愛上了這個窮小子，甘願與他同甘共苦，準岳父也對他賞識有加。退伍後工作、結婚，讀專科夜間部。一直到三十多歲，他才完成英國萊斯特（Leicester）大學的企管碩士學位，光纖網路事業也開始飛黃騰達。

從少年一路吃苦，力爭上游，好不容易才攀爬到人生巔峰，這是怎樣動人的勵志篇章！誰知道這麼快就摔下來，又跌得這麼深，這麼重！榮華富貴如南柯一夢，人生似乎回到原點。

一般人一輩子走同一條路，禮龍夫婦則經歷大起大落，好似活了三次不同的生命，而且故事還在繼續進行。面對龐大的債務、貸款，家人的不諒解，要看破、看淡、看開，幾人能夠？

如此看來，他們的大愛，就可以理解了。只有走過死蔭幽谷的人，才能真正對別人的痛苦感同身受。老天爺對禮龍的考驗非常苛酷，但禮龍從中提煉出的智慧與豁達，又何嘗不是超邁常人？陪伴禮龍一路走來、堅毅不拔的俐芳，更是偉大的女性。她咬牙犧牲自己、處處委曲求全，只為撐持這個家。

回顧過去，我才意識到：他們的每一個微笑、每一次沉默、每一句言語，都是浸透了三度輪迴的滄桑，意味深長。那裡面，有對人世無限的悲憫和蒼涼。

共好人間

這些年來收到的頤禾園產品，常常「夾帶」了一些意外的驚喜，例如俐芳做的「米包」、一袋剁好的雞肉，或是一盒土雞蛋：

這盒雞蛋的媽媽是去年十一月五日出生的小雞，隔天六日就到農園，經過整整半年的成長，日前開始陸續下蛋。等了半年，終於盼到純淨沒有汙染的雞蛋，心中自然充滿了喜悅。希望能與您和家人一同分享鄉下農民的小確幸。

二〇一五年筆者出國期間，禮龍、俐芳寫信來報平安：大兒子空軍官校畢業，小兒子也學業順利，夫婦倆依然在善與緣的道路上堅持前行。最後閒閒帶上一句：「二月份的遠見雜誌僥倖獲選百大黃金農夫，與您分享。」

二〇一六年禮龍將觸角伸得更遠，他進入大陸四川雅安地震災區，協助村民種植有機蔬菜創業，進行災後重建工程的後續工作；他也將「手心翻轉計畫」推展到那裡，教導身心障礙的孩子們種植有機蔬菜，重新走入社會。

他透過有機耕作恢復大地生機，也找到他的人生使命。他翻轉了他的人生，也努力幫助弱勢族群翻轉他們的命運。

不可否認，在世界人口已超過七十五億的今天，有機農業恐怕無法養活全體人類，何況未來地球人口還會繼續增加。但以慣行農法生產大量糧食之際，環境生態受到嚴重破壞，眾多物種消失，生息其間的人類亦將岌岌可危。

禮龍、俐芳在大地上種福田，也在人心上播善種，使有機農業成為社會企業。這種人雖是人間少數，卻是不可或缺的關鍵少數。

因為，唯有永續他們的有機田園夢，青山才能常在，綠水才能長流。

二〇一七年七月二十一日　於台北

自序
啟動善念

「若不是娶了村姑，我怎麼會成了農夫？」很多人當我是在說玩笑話，但這的的確確是真話。

回想十年前，從科技業跨足有機農業，一來是原先的事業遇上了瓶頸，二來也是出自一分疼惜，疼惜故里年邁的親人和漸呈荒蕪土地，於是毅然決然放下手上的光纖網路智慧宅，追隨老婆的腳步返鄉，改拿鋤頭，頭戴斗笠，腳踏「食」地，重新出發。

我們的一畝田，不大，位於新竹縣竹東鎮的軟橋里，老婆的故鄉；一開始，只有小小的二分地（約三畝地），但是絕對友善。軟橋這個社區，可說是天生麗質，坐擁好山、好水，早在大約二十年前，就已開展有機農業，只是早期大多以溫室栽種，之後歷經幾次重大天災，溫室幾乎被摧毀殆盡，而村裡的老農們又無力重建，以致於沒落了好一陣子。

眼看著這裡的人們和土地漸漸衰老，我和老婆心裡相當不捨，於是在決定二度創業時，我堅持從「善」出發，我想要友善這裡的人們、這裡的土地、這裡的環境，將這裡打造成生產、生態、生活「三生一體」的「綠」色樂活農村。所以，我的農園取名「頤禾園」，有頤養、頤育萬物之意，也是安適居住之所。

中年轉業，自己戰戰兢兢，身旁的親人也跟著憂心忡忡。「做有機農業，是賺不到錢的！」岳家裡的長輩們都持反對意見。更何況我還是個十足的門外漢，不看好我的大有人在。而我自己，心裡其實也是惴惴不安，從在辦公室裡坐鎮管理公司、邏輯演算光纖數據，到面對田裡頭那麼多不受控的天地因素、活生生的作物和蟲鳥，著實也花了好一段時間去調適。

然而，需要時間來過渡情緒和心態的人，並不只有我。直到多年以後，我才不經意地知道，我的孩子們也曾經有過掙扎期；有一段時間，他們在自我介紹家庭背景時會略過我的職業，因為我不再是科技公司的總經理，而是一名有機農夫……

農夫，提供糧食，餵養人們，是何等重要的職業，為什麼社會地位那麼的低下？在學做一名專業的有機農夫時，我也一直在思考這個問題。長期以來，大家都只注意到土地上長出來的東西，而漠視了價格以外的成本，例如：土壤、水資源、技能、知識……輕農夫，賤價格，不思食材真正的價值，寧可把錢付給醫生，也不願意付給農夫，扭曲的價值觀與心態頗令人費解。

「改變！」既然，我為我的人生下半場選擇了有機農業這條路，我就想要為這個產業做一點正向的改變。但，要怎麼做呢？左思右想，我決定順從返鄉時的初衷——以善做緣，「動機對了，方向就對，我要用善的力量來轉變農村。」

環境保護意識抬頭，有機生活已然是全球趨勢。既是一件好的事、對的事，有機農夫就不應該妄自菲薄。有機農夫要正視自己的價值，也要讓消費者認同並支持有機產業的價值，將有機農夫的社會地位和所得都從底端提升上來。如此一來，就能吸引更多有相同理念的新血回到農村，逐步擴大友善栽種面積。

可是，光這樣還不足以升級食物生產體系，必須要進一步賦予有機農業新價值和創造附加價值。我想到了工商業的創新發展模式，於是援引日本的農業六級產業化發展策略：借用一級農業尊重自然的智慧，連接二級工業品質化、制度化與標準化措施，鏈結服務業的資訊、流程與品牌符號，最後進階為六級產業，成為融入美學、文化、創造的新興農業。此外，我也導入國際連結，接受國際志工到頤禾園實習，進行經驗的交流與推廣。

也就是，做為一個現代有機農夫，除了精於耕作、農事的專業技能之外，還要能創新經營管理農場，懂得整合產業和跨界資源，擅用科技、行銷等輔助工具提升效能；而且，更要勇於擔負起「綠」的使命，致力推廣環境教育，並且不吝惜地將自己的 know-how（專業技能知識）傳遞出去，而不是只獨善於自己的一畝田間。

我常常自嘲，「在農田裡的實作技巧，我或許不夠好；但發想創意和知識、經驗的傳承，我可以做得很好。」我是真心想要推廣、升級有機產業，所以也不怕人家來學。我甚至願意「整廠輸出」我的有機農園營運模式給有心從事有機產業的人。因為，我的目標就是「可以複製N個有機小農場」，累積許許多多的綠色光點，一點一點地點亮農村。複製善念→複製小農場→複製價值→複製尊嚴→複製快樂，這是我的願景。

善念，很容易獲得呼應和擴散。在匯集消費者支持有機小農的過程中，我得知新竹深山裡的偏鄉孩童需要幫助，於是想到「賣有機米、買好鞋」的方式，讓消費者買米支持有機小農，有機小農買鞋幫助偏鄉孩童，如此結合善緣，以善的循環來幫助緣的永續。

這個「吃好米、做好事、送好鞋」的買鞋幫助偏鄉孩童的活動，從二〇一一年至今，已經連續執行七年了，每一年都有許多認同我們理念的志工來參與，一起開車穿越崎嶇的山路，前進深山裡，將新鞋親手送到孩童的手中。孩童們拿到新鞋時所展現的真摯笑顏，每每融化志工們的心，這個活動就一年又一年地持續且擴大。

從送鞋的活動中，我又發想到以社會企業結合有機農業的概念。天主教世光教養院拙茁家園收容的是身心障礙的孩子，二〇一三年起的連續兩三年，我們都送鞋到拙茁家園。二〇一五年，我們決定以社會企業型式啟動「手心翻轉計畫」——從手心向上，接受幫助，到翻轉手心朝下，自己工作幫助自己，將來有能力還可以幫助他人。我們幫助拙茁家園在軟橋里建置了一處耕心農場，並經由扶輪社的募款協助搭建溫室與冷藏設施，讓這些慢飛天使透過園藝治療，習得幫助自己的技能，再進一步去幫助別人。現在，他們已經能夠有收入，而且還有一點點助人的能力，也能參與我們送鞋給偏鄉孩童的活動。

善緣結合的模式，引起海內外的迴響。在台灣，除了新竹縣竹東的拙茁家園，還有桃園市龍潭美好基金會。在台灣海峽的另一邊，則有兩處正在啟動：四川地震重災區的邛崍市高何鎮、山西臨汾市鄉寧縣雲丘山，希望在不久的未來，即可化山窮水盡之境為柳暗花明之未來。

頤禾園，有頤養、頤育萬物之意，也是安適居住之所；企業識別標誌，有如一個迎風搖曳的「田」字，由四塊大小不一的農田所組成，綠色色塊代表的是農田，藍色色塊代表的是藍天，黃色色塊則是金黃色的稻穗。

一轉眼，頤禾園十歲了。十年來，我的感想是，良善的心一啟動，就會感染其他的人一起呼應，把疼惜擴散出去。因為，疼惜的心，是一棵種苗，慢慢向下扎根，向上茁壯成長，然後喚醒更多人的自覺，一起投入，形成良善的循環。

湛藍的天，青綠的地，一陣清風拂來，田裡的稻子隨風輕盈舞動，像是綠色的浪，一波接著一波，傳遞著愉悅之情，大自然是該如此的自在、快活；到了抽穗的季節，則換上一地的金黃波浪，這就是時節的律動。頤禾園的企業識別標誌，靈感即來自此。一個迎風搖曳的「田」字，由四塊大小不一的農田所組成，綠色色塊代表的是綠地，藍色色塊代表的是藍天，黃色色塊則是金黃色的稻穗。

頤禾園，是我真心經營的一畝田，是有機（green）的、生態（eco）的，是綠色的，也是友善的。歡迎大家一起來實踐有機生活，協力傳遞「善」與「綠」，共同守護土地、守護家園、守護地球。

Green 1

我的一畝田

阿禾流浪記

阿禾，是一個稻草人；他的志向是，做一個稱職的土地守護者。

從小，阿禾就在守護者學院裡認真努力地學習：「麻雀退散！」「蟲蟲迴避！」小阿禾滿心期待，將來可以大顯身手，守護農作物，讓它們平安喜樂地成長。

就和所有的稻草人一樣，阿禾原本應該挺立在鄉間，幫農人看顧農田，盡職地驅趕鳥蟲。可是，工業化時代來臨，

都市快速發達，大批年輕人離開農村前往都市發展，農活後繼無人，農地漸漸荒蕪，稻草人不再被需要……於是，阿禾一畢業就失業了。

沮喪且無奈的阿禾，只好也暫時落腳在五光十色、嘈雜紛亂的都市裡，打著零工，過著辛苦又不快樂的生活……

有一天，在送貨的途中，阿禾遇見了悲傷的麻雀媽媽。麻雀媽媽很傷心地跟阿禾哭訴：「我有了寶寶，可是在這偌大的都市裡，我卻找不到一個可以安心生活和餵養寶寶的地方，只能住在水泥柱縫隙裡。」

阿禾深有所感。都市的榮盛、熱鬧、便利，多少人嚮往不已，可對他而言，高樓林立、熙來攘往、車水馬龍，一切繁華的外表之下，住著無數孤獨、空洞的靈魂，全然不是他想安家樂業之處。

剎時，阿禾茅塞頓開，他善意邀請麻雀媽媽：「來吧！你們就先住在我的頭頂上。我們一起去找尋理想的家園吧。」

在農田裡，稻草人與麻雀原是相視為敵；但這會兒，在都市裡巧遇且同病相憐的他們，卻成了相互扶持的好伙伴。

阿禾和麻雀母子走過一座又一座的城市與鄉鎮，歷經一次又一次的嘆息與失望，可是他們不絕望也不放棄。這一天，他們來到竹東軟橋，放眼所及的綠意、澄澈的圳水、清新的空氣……原來，夢想裡的綠色祕境，就隱身在這青山環抱、綠水流淌的美麗田間，終於，他們相視而笑，當下很有默契地決定：「就是這裡了！」

在這裡，阿禾以另外一種方式守護土地，他不再驅趕鳥蟲，而是順應自然生態，和他們友善共存。

一路走來，阿禾深刻了悟，「善」與「緣」是守護家園的唯二法則。所以，他志願擔負起傳播「善」與「緣」的使命，透過推廣「食農教育」，帶領大家認識食物、農業，期盼重新建立人與食物、人與土地的良善關係。

現在，阿禾就定居在軟橋，每天都很快樂地倘佯田間，偶爾也和主人（就是我）一起出差，到世界各地需要他們的農村，播下「善」與「緣」的種子。

從矽谷到軟橋

從科技漂鳥到找到安身立命之處，在某種層次上，我和阿禾是有相似之處。而這份惺惺相惜，也讓我們成了推動有機產業的麻吉伙伴。

曾經，我也在看似光鮮亮麗的大都市裡拚搏，頂著科技公司總經理和所謂「科技新貴」的閃耀頭銜，過著為人稱羨的人生。而今，一切絢爛已歸於平淡，返璞歸真的我，腳踏「食」地，友善土地和人們，點滴累積「善」與「緣」的力量，點亮農村。

一九九〇年，二十七歲時，我以二十五萬元第一次創業，成立了一家資訊公司，隨著網路世界的來臨，轉型成專業的社區網路系統公司。在千禧年之前，事業上的成就與高峰，已為我帶來了許多財富與光環：傑出企業家、跨世紀競爭力企業獎、新世紀傑出企業家金鼎獎、傑出企業領導人金峰獎。二〇〇二年，控股公司到美國那斯達克（NASDAQ）送件，成為準上市公司，眼見公司資產即將來到三億元……那時的我，怎麼也不會料到，不久的未來，這熠熠閃亮的水晶球竟如泡沫般「啵！」一聲地幻滅。剎時，我從雲端墜落至農村，科技新貴搖身一變，成為有機農夫。

然而，轉變並不等於危機，轉變有可能是一個新的契機。科技人能不能當有機農夫？以我親身經歷的驗證，答案是：可以的。在地圖上，從新竹矽谷到竹東軟橋的距離並不遠；在實作上，從科技人跨界到有機農夫，對我而言，也沒有太大的藩籬，都是在架設網路，只不過是社區網路和農業網路的區別。

二〇〇八年，四十五歲，我以二十四萬元再次出發，以農夫的身分中年創業，創辦了頤禾園有機農園。在這之前，也就是科技公司結束之後的兩三年時間裡，我已經陸續參加了農委會園丁計畫、農試所農民農業專業訓練、桃園農業改良場有機農場經營管理研習，把自己養成一個專業的有機農夫。「做什麼，就要像什麼！」儘管有些人並不看好我的務農之路，但是我會用實際成果來證明，科技人絕對可以當有機農夫。

我想，正因我在科技領域和商業創新有很多經驗，我看待有機農業的角度有些許不同，在經營上也更務實且創新。當現代科技遇上有機農業，我所看的，不是衝擊，而是助力。如何善用科技和行銷、經營管理……等知識為輔助工具，讓有機產業與時俱進地發展，提高土地的價值和所得，幫助農民脫離社會的底層，找回他們的自尊與自信，進一步吸引出走的年輕子弟返鄉，再次點亮農村。

我相信，有機農法是救農村、救健康、救大地的活路；但是，絕對不能淪為炒作高價農產品的手段。我堅持，在推廣有機產業時，一定莫忘「善」與「緣」的初衷，這不僅是基本的信念，也是重要的態度。唯有建立良善的循環，安全、健康、環保才得以永續。這是阿禾的志向，也是我的願景。

一畝從「善」開始的「綠田」

軟橋，一個多麼輕柔似水的地名。的確，這是一個「好水」之地。水，是這個社區的重要資源，竹東圳、軟橋發電廠、寶二水庫引道、上坪溪。好水文化，孕育著廣大的有機田。在志同道合之士的共同經營之下，從友善環境與土地的「綠」出發，進階至友愛人們的「善」。

我的一畝田就是在軟橋。從早先的二分地，到現在已有一．二公頃的耕作面積。

務農向來被視作是艱苦路，更何況做有機農業，簡直就是自討苦吃。但是，眼見我們賴以生存的土地長期被化學物質所汙染，食物安全、人體健康全亮了紅燈，農村被毒殺中……我毫無猶疑地選擇有機農業這條路。土地，就像是孕育我們的母親，我們如何忍心一直餵養母親毒藥呢？

比起其他有機農夫，我幸運多了。我的岳父本來就在軟橋務農，並早在一九九六、一九九七年間就開始蓋溫室、做有機農業，同時取得中華有機農業協會認證。後來，歷經寶山第二水庫取水工程、納莉風災，原本八十多座的溫室被摧毀到只剩下十幾座。看到父母年邁、田園荒蕪，我和太太決定接手，在重新取得 MOA 財團法人國際美育自然生態基金會的有機認證後，於二〇〇八年以「頤禾園有機農園」之名重新出發。

環境汙染嚴重，生態岌岌可危，大自然開始反撲，喚起愈來愈多人關注環境、健康議題。只是，關注有機、知道有機是一回事，真正從事有機農業又是另一回事。在落實有機的這條路上，除了生產者的堅持很重要，消費者的認同和支持也同等重要。如果，消費者空有有機意識，卻不肯付出比較高的價格去支持有機農產品，賤價傷農，最後就會迫使生產者心灰意冷，然後又回去慣行農法，繼續惡性循環。

比起一般傳統農作，做有機農業的條件是極為嚴苛的。尤其，一九四九年開始的美援年代，台灣農地宛如美國農藥、化學肥料和生長激素的試驗場，百毒大舉入侵，只為種植出形美、量大的農產品，殊不知台灣已悄然成了一座農藥島，無論是生態、噴灑農藥的農夫和食用者的體內，都在無形中累積了各式毒素。在這樣的情況下，要將農藥島淨化為生態島，是何其浩大的工程。環境教育與食農教育已經刻不容緩了；再怎麼艱辛，有機農業才是一條活路。

至少從我的一畝田做起！如果我可以建立創新且成功的營運模式，或許可以感染其他人，將有機小農場複製至各個地方，以一個又一個綠色的小點，逐漸擴散，慢慢綠化所有的土地。我是這麼想的。前提是，我必須要以行動和事實證明，「善」與「緣」結合的模式是可行的，才會有人願意仿效。

於是，在成立有機農場之前，我先在我的一畝田進行主動式的土壤和水質檢測，先證實安全性，耕種過程完全符合有機作業規範，再透過農藥毒物殘留的自我檢測，進而取得MOA有機認證。歸功於之前在科技領域的經營管理經驗，我很有效率地做完前期的準備和齊備文件，只花了半年的時間就通過MOA有機驗證程序，大概創下全台申請認證時間最短的記錄。

「生態和有機，現在不做，就會來不及！」不僅生產者（農夫）要有自覺，消費者也是，大家都要好好地正視、思考有機的價值。如果只看土壤以上的重量，而忽略土壤以下的生態；捨不得花錢買有機產品，卻把錢省下來付給醫生作醫藥費，價值到底在哪裡呢？

立志做小，我的2.5人小農家

頤禾園有機農園，是一個只有二．五位員工、以家庭為核心的小農家：幫農大哥一名、村姑（也就是我太太）一名，外加我這個只有一半效率的〇．五名。不過，別小看這二．五人的人力，可是足以撐起一．二公頃有機農地的生產與銷售，並且還能將觸角伸及有機農產推廣課程與活動、地方特色產業發展、社會企業（慈善）等多元化營運。

「立志做小」，就是我所設計的創新有機小農模式。

我一再強調，從事有機農業的動機應該要很單純，就是從友善自然、環境、人們的「善」出發，而不是以「綠」（有機）為名的炒作與大型營利規模。既然動機很純粹地只有「善」與「綠」，

太太與幫農是 2.5 人小農場的主要戰力。

就無需抱持做大的野心，只要時刻切記保有「初心」。

由於規模很小，產能也有限，所需要的產銷支持就能輕易獲得滿足，所承受的風險也相對小；對於有心從事有機農業的人而言，一旦能夠有效掌握銷售和風險控制，堅持下去的力道也會強些。

然後，從每一個三人的小農家做起，好好經營自己的農園、照顧好自己的土地、贏得社區的認同與支持，以預購訂單進行計畫性的生產與銷售，配送路線在方圓幾公里之內一氣呵成，既可達到低碳、低旅程食材目標，也能讓消費者吃到最新鮮、最安全、最信任的有機食物。

小農，小發展，不必做大，而是將這樣的模式一再複製、擴散，直到每一個社區都有一個這樣的有機小農，那麼友善栽種的面積就會一點一點地擴大。由於小農和支持者（消費者）之間有信任與承諾關係，自成一個綠色的食物圈，所以小農與小農之間也就沒有競爭的利害立場，彼此可以和諧共處，甚至教學相長。

之所以會設計這樣的「小農」模式，當然也是基於這十年來的親身經驗——因為做有機農業實在是非常辛苦，所以一定要有一位親密伙伴的無怨無悔支持，若是能再加上一名具有專業技能的幫農，三人齊心協力就很完美了。

人力就只有區區三人，要如何最大化這極有限的人力，在整體營運上發揮出極致的作用？首先，時間管理很重要。以頤禾園為例，耕作是日常的例行，而某些作業的時程則是極為固定的：星期一，採摘；星期二，包裝；星期三，配送；星期四，種植；星期五，播種、除草；周末，彈性安排，或辦活動。如此規律地按表操課，久而久之，你的身體就自然而然地發展出一套省時省力卻最有效率的做事方式。

其次，是現代人才享有的科技和管理輔助工具。在農園裡建置

頤禾園，是一座有機農園，也是結合了環境教育、有機農業推廣與培訓、觀光（輕旅行與深度旅遊）、國際研習與交流，並兼具文化與美學等多功能的休閒、體驗、教學示範型農園。

無線網路環境，將田間記錄即時上傳，建立行動品質監控平台，還可遠端監看農園動態；架設網站，並透過社群媒體，如：FB、LINE、部落格、直播等，進行網路行銷與活動宣傳。

三人的小農場，不大的耕作面積，計畫性的生產與銷售，土地上的農作物產值當然有限，因此必須要為農場創造附加價值，由生產有機農產品開始的一、二、三級產業連動，提升至六級產業化的休閒農業，開創多元化的收入來源，提高所得，才算是成功的創新有機小農模式，也才有（被）複製的意義。

在頤禾園，我親自實驗了農業六級產業化發展策略：以一級產業的農業尊重大自然的智慧，產出安全的有機農產品；運用二級產業的工業品質化、制度化與標準化措施，升級農場的品質；並導入三級服務業的三大特質：資訊、流程與品牌符號；最後，進階為六級連動化產業，成為融入美學、文化、創造的新創農業。

而今，頤禾園不只是座有機農園，也是結合了環境教育、有機農業推廣與培訓、觀光（輕旅行與深度旅遊）、國際研習與交流，並兼具文化與美學等多功能的休閒、體驗、教學示範型農園；我的角色也變多重，既是有機農夫，也是講師、導覽員、顧問。成果應可證實，農業六級產業化發展策略是可行的、成功的。

對於有意投入有機農業的人，我的建議是，一定要取得家人（尤其是另一半）的全力支持。一個人先下來做，另一個人仍保有收入，至少歷經一年（一個春夏秋冬）之後，再依實際情況考慮夫妻兩人一起做。所以，第一年是關鍵考驗，可以確定能否繼續無怨無悔地堅持下去。

Green **2**

我是 iFarmer

大自然教導我的生活之道

夏天，清晨四點，是我們家的起床時間。趁著天未亮，我和老婆已從家裡出發，直奔農場，開始一日的農活。一日之計在於晨，真是農夫的生活寫照。

我們的農場裡，不用除草劑、殺蟲劑，不施化學肥料、生長激素，種子是有機、非基因改造、無藥物處理的，蔬菜和雜草併肩站，放養的雞隻怡然自得地清理蟲蟲和農餘（採收後剩餘的菜葉），水稻田裡也有福壽螺的蹤影，陽光照拂、雨露滋潤，這裡的生態是自然共生的，農作物隨心所欲地吸收著天地賞賜的自然菁華。

跟著二十四節氣的大自然律動，何時該種下什麼作物，我們就按部就班地循著工序去細心栽植、照顧。別小看農作物，它們是很

拒用除草劑，蔬菜與雜草併肩站。

放養的雞隻怡然自得地幫忙清理農餘。

精明的，哪個季節適宜栽植、冒出頭來享受大自然，它們可是一清二楚。在對的時節種下它們，提供乾淨的土壤、水和空氣，用不危害環境的方式避去蟲鳥之害，小心翼翼地呵護著，時間到了，它們就會給予農夫最好的回饋。

除了固定每年兩期的稻作之外，我們會順應時節和北台灣氣候，產出時令有機蔬菜。通常，五到十一月，會種下地瓜葉、番茄、空心菜、莧菜、小黃瓜、絲瓜、蒲瓜、苦瓜等夏季蔬菜；

十一月到隔年的五月，就種茼蒿、芥藍、菠菜、青花菜、白花菜和蘿蔔等冬季蔬菜；有一些蔬菜則是全年都合適栽種，如：小白菜、青江菜、A菜等。

可是，拜農業科技和大量進口食物之賜，現代人少有搞得清楚時令蔬果的。在大賣場、超級市場、傳統市場，甚至餐飲業，誰管「正月蔥，二月韭，三月莧……」（台灣諺語），想吃就買得到的便利性，才能討消費者歡心。久而久之，什麼是時令食物，大家都傻傻分不清了，以為台灣這個寶島，在夏天也能產出白蘿蔔，冬天還吃得到苦瓜，真是無所不能了。

種植違反產地和產季的農作物，若非興建特殊的溫室，刻意仿造出農作物原有的生長時節環境，不然就得使用非常手段，如：基因改造、化學藥物。想當然爾，在這些過程中，必須額外耗費多少資源，又可能製造出多少汙染。只為了隨時都能滿足一時興起的口腹之欲，而如此工程浩大地對抗大自然，值得嗎？

回歸田園的這段日子，我更加深刻體會順應自然的道理。人類文明、科技再先進，也無法違背自然。以往，人們自以為「人定勝天」，做了許多傷害自然的事，事後卻發現，大自然是會反撲的，而且反撲的力量駭人。環境汙染、生態異常、臭氧層破洞、暖化、聖嬰與反聖嬰……到頭來，是全地球都受創，自以為強大的人類，也不能倖免，得自食惡果。

夏季蔬菜	冬季蔬菜	全年都合適栽種
地瓜葉	茼蒿	小白菜
番茄	芥蘭	青江菜
空心菜	菠菜	A菜（本島萵苣）
莧菜	青花菜	鳳京白菜
小黃瓜	白花菜	蘿蔓萵苣
絲瓜	蘿蔔	萵苣
蒲瓜	廣島菜	小松菜
苦瓜	南瓜	油菜
豆子	紅鳳菜	水果玉米
茄子	高麗菜	
青椒		

起碼從自身做起、即刻實踐吧！學著敬天順時、師法自然，至少從每一個人腳下的那一塊「食」地、每一個人餐桌上的食物淨化起，以有機農法保育珍貴的水土和生態，讓自然資源得以永續。

為了安全、健康、自然、環保、生態、永續，有機耕種有極其嚴格的條件，先進國家也有立法規範。在台灣，農委會於二〇〇七年實施「農產品生產及驗證管理法」，將有機農業及其產品納入政法的法律規範中。

要達到農委會定義的有機農業，必須遵守自然資源循環永續利用的原則，不允許使用合成化學物質，以強調水土資源保育與生態平衡的系統管理，生產自然安全農產品。看起來只是五、六十個字的定義，但是執行起來卻是比慣行農法多十倍的心力。

這麼費工，誰要來做有機農業？沒有理想，沒有堅持，是做不了的。還好，我很明白自己做的選擇，用我自己摸索出來的效能模式，負責任、甘之如飴地去實踐。唸的是電子，專精的是科技和企管，還好我先前「實事求是、講究精準」的職業病還在，也派得上用場。

我的一畝田，三人的小農場，人力很精簡，但一切工序絲毫不馬虎。從土壤、水質的採樣、檢測與分析，有機栽培的播種、育苗、移植，有機質堆肥與土壤肥培管理，田間的雜草、蟲害管理，有機作物的採收及採收後的處理、包裝，甚至到有機農產的驗證，銷售對象與配送作業，所有環節，我都一手包辦，並建立詳細的Eco Farm SOP（Standard Operating Procedures，標準化作業程序），務求完全符合有機與友善。

以友善環境的有機農法耕種出來的有機米和時令蔬菜，有最高的品質與營養價值，但絕大多數的新鮮時蔬都禁不起長里程和長時間的運送，食物里程愈長，營養價值愈容易流失，碳排放量也愈多，亦不符合友善自然原則。所以，若要完全順應自然，有機農產最好還要達到「地產地銷」（在地生產、在地銷售），低或零食物里程。說穿了，就是古人的生活智慧，腳下的土地，長得出什麼作物，就料理什麼來吃，也就是「從產地直接到餐桌」的概念。現代人喜歡吃捨近求遠、違逆時節的食物，其實都是違反自然的。

一天的農活之後，往往痠痛布滿全身，但是望著農園裡和樂共生的一切，會格外珍惜大自然教導我的生活之道，「身體是累的，而心情是愉悅而滿足的。」

我的營運模式：「社區支持型農業」優化版

做為一個現代的、智慧的有機農夫，不僅要會荷鋤耕種，還要懂得如何行銷、創造價值，身兼多角，既是農夫，也是經理人。

傳統（和大多數的）農夫，很會種，但有一個很大盲點，就是銷售；只顧著田裡的農作物，卻從沒去想要賣給誰。「怎麼叫賣？總不能在田邊跳大腿舞攬客吧。」確實，「不是跳跳大腿舞，消費者就會來！」況且，兩三個人的有機小農場，也派不出人力去跳大腿舞啊。

有機小農的經營之道，就必須要有獨特的有機小農思維。因為，無論是耕種法或是農場規模，本質上就都跟一般農場不一樣，無法依循一般農產運銷的模式；光以產量的不穩定性，就很難打進一般通路。

所以，我所採行的商業模式是，引進會員制和大數據概念，先接訂單，再估量，進行計畫性生產，和有區域限制的配送。且因農場規模小，產能有限，我所需要的消費支持也很容易滿足。為了更落實有機耕種與友善環境，不讓客戶挑菜的品項，只配送時令蔬菜，而且配送區域，從一開始所鎖定的一百公里，至今更縮小至三十公里，以符合低食物里程的低碳目標。

會員制，是一種理念支持的凝聚，我稱會員為「穀」東。目前，頤禾園的「穀」東約有二百名，已經可以完全支撐產銷，是我們僅有二．五個人能夠有效管理的規模，我也無意擴充；因為，一旦擴充產能，勢必需要增加人力和耕種面積，與其如此，不如複製很多類似的小農場，分散至各地，各有各的支持，各自形成食物圈，既可減少食物碳足跡，小農之間也不需彼此競爭。

一周配送一次菜，可選擇一次三斤或一次六斤，以一星期之內可食用完為基準，每個星期都有新鮮的蔬菜可以吃，每個星期都有拿到「福袋」（不清楚內容品項）的期待感。繳費機制也很方便，網路、ATM 轉帳或便利商店即可代收。「穀」東都住在方圓三十公里之內的社區，大概只要半天的時間，我們就可以全部配送完。因為，都是親自面交，相處久了，彼此間也建立起情誼。

頤禾園的營運模式，最主要是將買賣概念轉換為相互承諾，生產端和消費端之間便沒有買賣對立。有幾次，風災把菜園毀了，「穀」東也都很能體諒，畢竟住在同一區域，災情如何影響供菜量，大家都很清楚；我們也無需因為菜量不足，而去其他地方調來安全狀況不明的菜。

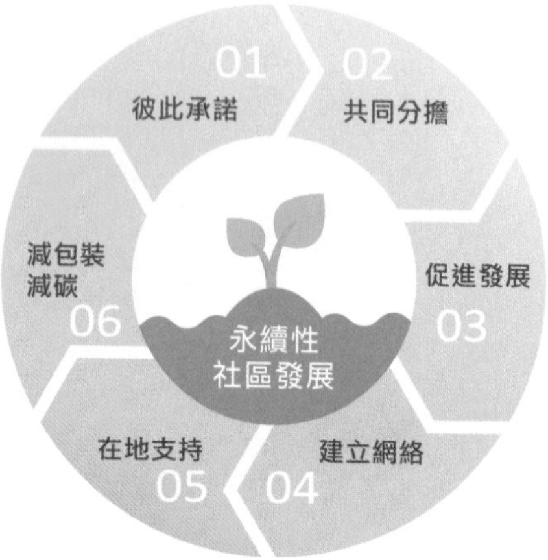

01 生產者與消費者之間關係的本質建立在彼此的承諾之上。

02 農場餵養人們，人們支持農場，共同分擔潛在的風險與收成。

03 小農生產者互助合作促進地方產業發展。

04 生產者與消費者合作與其他團體建立經濟網絡。

05 在地消費支持在地農業在地經濟。

06 在地消費減量包裝，減少汽油使用節能減碳。

食物生產者 + 每年的相互承諾 + 食物消費者

= 「社區支持型農業」 + 無限契機

從上面的公式中得知，生產者與消費者之間的關係是建立在彼此的承諾之上。農場餵養人們，人們支持農場，雙方共同分擔潛在的收成與風險。假設，每一個社區都有支持的農場（或者每一座農場都有支持的社區），大家都會吃得很安全又快樂。再經由不斷複製這樣的模式，有機小農園便能永續經營。

「社區支持型農業」（CSA，Community Supported Agriculture），始於一九六〇年代，德國、瑞士和日本都有發起，主要是意識到農業的本質絕非單以農產品的價格來衡量，也應該納入生態與社會公平的考量。

伊麗莎白．韓德森（左一）已經在麻州與紐約州從事有機農法超過 30 年。

我第一次聽說「社區支持型農業」，是在工業技術研究院的一場研習會上，當時應邀的演說者是美國全國永續農業運動共同主席伊莉莎白．韓德森（Elizabeth Henderson）。她說：「社區支持型農業」的本質是，一群人與一塊土地或一片區域土地間的相互承諾，農地餵養人們，人們以支持農地作為回報，並共同承擔潛在的風險和享有產品的報酬。

一開始，我便覺得這種有錢出錢、有力出力的共有、均分的外國模式不太可能直接套用本地，所以我一再地修正、優化，漸漸轉換成現在的會員制暨計畫性生產，仍以相互承諾來支持，但存在對價關係，繳多少錢可以拿到對等的產品，由農場主導生產的時令蔬菜種類，會員不能挑品項；遭遇天災時，要共同承擔風險。

整體而言，「社區型支持農業」，以在地消費支持在地農業、在地經濟，縮短食物運送里程，有助於減量包裝和減少消耗能源，達到節能減碳的環保目標；萬一，糧食輸出國（地）發生大規模糧食危機或天災，「社區支持型農業」因不依賴外來進口物資及長距離運送的食物，仍可維持在地自給自足。

十年下來，我還在邊做邊調整，但方向是確定的，就是可複製的有機小農營運模式，有效降低管理成本，提高營運效能，建立數位管理機制，縮短農民數位落差，導入農業六級化發展，開發多元收入管道。唯有農民所得提升，不再居於社會最底層，才會有人願意一起來推行。

長期以來，台灣的農產處於產銷失衡的狀態，農夫不知道如何配合供需去生產，看到什麼作物價格好就一窩蜂地搶種，悲劇年年一再重演，產量過多、供過於求的結果是菜價崩盤，有人賤賣求現以補貼成本，更悲慘的下場是血本無歸的廢棄與銷毀，時有農夫坐困愁城、怨天尤人，哀嘆務農是條沒出息的路。

產銷管道也是一大問題。農夫即使知道市場在哪，但通路仍未解決，農夫收入被通路吃掉一大半，剩下的一半若管理不好，一下子心血都沒了，比如搶種與滯銷。每一次農損過後，農夫心在淌血，卻見菜價飆漲，政府喊著抓「菜蟲」（盤商），但「菜蟲」卻從來沒有消失過。

此外，農產品產銷的成功與否，消費端也很重要。農夫辛苦生產高品質的食物，消費者在享用時應該抱持感恩的心，謝天、謝地、謝農夫、謝廚師，把食物吃光光。珍惜食物，不要浪費，應該是基本信仰。支持「地產地銷」（在地生產、在地銷售），不只吃台灣，更要吃當地，最高境界是零食物里程、零廚餘。這部分就有賴食農教育的再推廣。

擁抱科技，滑出智能管理

科技，始終於人性。科技一日千里的創新，目的是輔助，而非教人怯步。老一輩的傳統農夫，一聽到網路、電子商務等科技潮流，就視為畏途，而不想嘗試，以致於數位落差愈拉愈大。其實，善用科技輔助管理，動動手指便能點（滑）出便利性，好處多多。

可能是我自己的科技魂（職業病）使然，即使轉換跑道，我還是思索著如何創新，將兩次創業連結。於是，我一邊養成有機農夫的專業知識技能，一邊將網路科技引進，兩相整合，創新出自己的有機農園營運模式，人力極精簡，卻更有效能，並且幫自己的一畝田擴增出許多附加產值。

智能時代已經來臨，無論你是喜歡或排斥，都無法置身於外，比如：人手一支的智慧型手機（或平板電腦），長輩也要來加一下的賴（LINE）和臉書（Facebook）……若在手機或平板上滑來滑去，已然成為生活的一部分，是否更無需畏懼升級為智慧農夫（iFarmer）了。

我在二〇〇八年建設頤禾園時，便整體規劃了農場無線網路環境，以八百公尺長距離微波傳送，解決偏遠地區田間上網問題，同時架設行動監控品質平台，不僅方便將田中的資訊即時上傳，亦可進行網路遠端監控隨時掌握農田狀況。

身為現代智慧農夫，不只要會種菜，還要經營網站和社群媒體，在雲端的虛擬互動中，進行多元行銷。也就是，現代農夫的角色，不單單是農夫，還是農園的經理人，產銷一把抓，要產，也要會銷。要感謝科技之賜，現代農夫終於可以擺脫菜蟲（盤商）的層層剝削，直接上雲端發布農場相關訊息，開啟生產者與消費者直接對話模式，並建立自己的品牌。

對於消費者而言，不必出門到處多方打聽，即可從網路資訊和互動中找到理念相同的生產者，透過雲端下單及便利的繳款機制完成購買，再由生產者或物流業者將產品送達指定地點，彈指之間的交易，共創生產者與消費者的雙贏。

此外，經由智能管理與銷售，還可從中蒐集數據，進一步分析各種有利和不利於農場發展的因素，適時進行調控，有助於提升農產品的品質，穩定供銷能力，永續農場的經營。

二〇一〇年，頤禾園與東南科技大學吳贊鐸博士簽訂產學合作計畫，進行「綠色有機農產品之碳足跡研究」，並在一場「永續性產品與產業管理研討會暨永續創新論壇」發表。該研究由吳贊鐸博士帶領研究生謝志煜、張哲綸共同進行，藉由 SimaPro 7.0

生命周期分析（Life Cycle Analysis）、生命周期衝擊評估（Life Cycle Impact Assessment）和碳足跡（Carbon Footprint），來分析頤禾園有機農園對環境的衝擊，最後可得知運輸對環境造成的衝擊最大。這份碳足跡在產品生命周期之貢獻的創新研究，驗證出綠色產品在運送過程中的二氧化碳排放量，也進而提供了綠色產品設計及改良的方向。

智能管理已是全球化的趨勢，不僅私人企業講求智慧與效能，城市也是一樣，最後更與世界接軌。二〇一六年四月，國際智慧城市論譠（ICF, Intelligent Community Forum）主席 John Jung 在新竹縣縣長邱鏡淳先生的陪同下，前來頤禾園參觀，他讚賞農場裡完善的資訊網路通訊設施與平台，更認同由阿禾所代言的生態農場，守護了家園，也營造出友善又和諧的環境。

在那次參訪中，我們還特地安排 John Jung 主席與正在進行「手

國際智慧城市論譠（ICF, Intelligent Community Forum）主席 John Jung 在新竹縣長邱鏡淳的陪同下，前來頤禾園參觀，並與三位拙茁家園院生一起播種水果玉米。

心翻轉計畫」的三位拙茁家園院生一起播種水果玉米，並親自簽下專屬於他的耕種履歷；當他知道，拙茁家園耕心農場在頤禾園的輔導下，已能有穩定的收入，提高自給率，他既驚訝又感動。

我們也請他品嚐壽膳餐盒，除了有代表新竹特色的竹片標示產品、客家特色的花布包裝外，內裝的蔬菜、糙米、豬肉、雞肉、雞蛋、梅子、薑等十二種食材，都是在地生產，零食物旅程，連餐盒也使用可回收製成堆肥的木片製成，也可以透過新竹良品

QRcode查到相關資料。一看到QRcode，他很雀躍，立即和邱鏡淳縣長一起拿出手機掃描，果然馬上秀出十三個在地鄉鎮市的生產訊息，大讚「Very fast」。

有趣的插曲是，John Jung主席對阿禾實在愛不釋手，於是頤禾園裡唯一的一個羊毛氈阿禾，便隨著John Jung主席回去美國，從事阿禾外交了。

而那一年，是新竹縣首度申請加入國際智慧城市論壇，也入選了國際智慧城市TOP7。

頤禾園有機農園SOP

以頤禾園有機農園為例，我所申請的是財團法人國際美育自然生態基金會的MOA有機驗證。所謂MOA自然農法，是日本岡田茂吉先生於一九三五年所提倡的，依自然法則，充分尊重土壤、維護生態，完全不得使用化學肥料、化學農藥、生長劑等，也不得使用人糞尿與未完熟的家禽畜排泄物為堆肥。

MOA的驗證嚴格，除了審查申請人的資格之外，也會進行實地評估，由該會指派的人員執行土壤、灌溉水質的採樣檢驗，確認驗證通過之後，還會在驗證有效期間內持續進行每年至少一次的定期或不定期追蹤查驗。

所以，一座經有機驗證的農場，如頤禾園，平日就要做好設施、設備及場地的清潔與管理記錄，以及足夠證明產品有機完整性的相關作業記錄，包括：維持場所合乎驗證基準；種子、種苗及育苗過程不使用化學合成物質；不使用任何基因改造種子；雜草管理控制不使用合成化學物質、基因改造生物的製劑或資材；土壤肥培管理不使用化學肥料、含有化學肥料的微生物製劑、有機複合肥料及基因改生物的製劑及資材；病蟲害防治不使用合成化學物質、基因改造生物的製劑及資材；產品包裝不使用添加或合成化學物質，也不得以輻射或燻蒸劑處理。

頤禾園環境檢測

經營一座有機農場，優質的土壤和灌溉水同等重要。

土壤檢測有如土壤的健康檢查，可以找出土壤的問題，據以改善土壤品質與施肥策略，進而確保作物的產量與品質。

定期採取土壤樣本送驗，瞭解土壤性質及肥力情形，可以有效管理土壤及施肥。儘可能選用粗質且肥分低的有機質肥料，藉以改善土壤物理、化學及生物性。當土壤酸鹼值低於五．六時，可適量施用石灰質材，否則應避免施用。

如何進行土壤採樣：

採樣工具

• 鋤頭 • 鏟子 • 移植鏝 • 塑膠盆或桶 • 塑膠袋 • 油性簽字筆或奇異筆

採樣時機

• 土壤性質不明，尤其是準備購買農地之前。
• 同一地段耕作初期可以每年採樣追蹤，之後每二至三年檢驗一次。
• 最好在作物採收之後，尚未施肥料之前。

• 長期作物：前作物採收後或後作物種植施肥前一個月。

採樣選擇點（如左頁所示）

採樣的深度（如左頁所示）

應該避免的區域

田埂邊、入水口、堆廏肥或草堆放置所、施肥區或菇舍、農舍、畜舍附近等特殊位置之採樣。

混合樣本

將所有小樣本置於塑膠盆中，混合均勻後取土壤約一斤（六百公克）重，裝入塑膠袋中。

採樣後應注意事項

樣品採取後應儘速送農業改良場，無法當天送達者，請將土壤樣品置於室內通風處陰乾，不可在太陽底下曝曬或淋到雨水，而後儘速送至農業改良場處理分析。

採樣選擇點

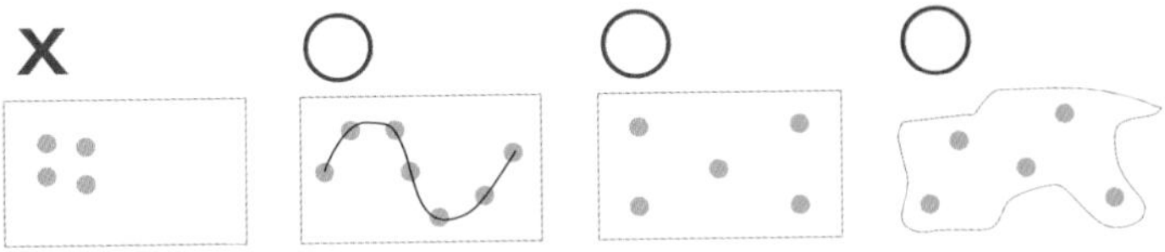

採樣點應平均分布。

採樣的深度

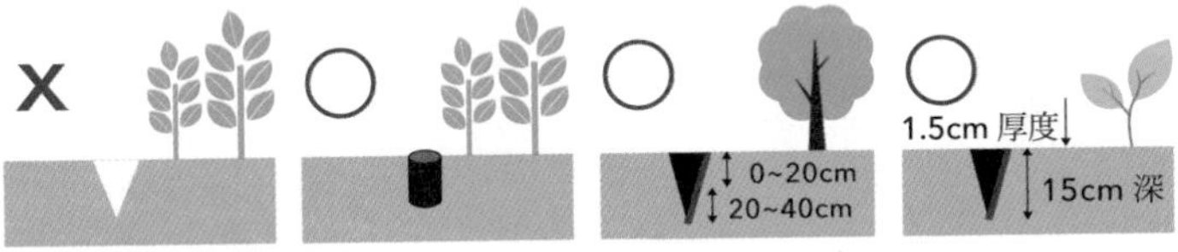

採樣深度與部位說明。

一般作物如蔬菜	表土：0 ～ 15 公分
果樹等深根作物應採表土及底土	表土：0 ～ 20 公分 底土：20 ～ 40 公分

資料來源：桃園農業改良場

灌溉水採樣：

- 採樣工具：乾淨之容器，如空的礦泉水保特瓶、果汁或汽水瓶，需先清洗乾淨。
- 採樣地點：田區入水口處或蓄水池（桶）。
- 採樣方法：先用少量灌溉水清洗容器後倒掉，再裝入灌溉水約五百毫升，勿裝入異物與雜質。
- 採樣點數：一種水源採取一個樣品即可。
- 容器上必須註明（以奇異筆書寫）農戶姓名、住址、電話、水源種類、採樣日期及樣品編號等。

一般慣行農法的土壤會有：酸鹼值偏酸（pH<5.5），有機質含量偏低，磷、鉀過高，鈣、鎂偏低等情況。

而強酸性的土壤，通常：土壤中有益微生物分解受阻；鐵、鋁及錳溶出量太多造成毒害；有機質的礦化作用受阻，減少養分的

行政院農委會桃園區農業改良場檢測報告

檢測項目	酸鹼度	電導度（1:5）(mS/cm)	有機質（%）	磷酐（公斤 / 公頃）	氧化鉀（公斤 / 公頃）	氧化鈣（公斤 / 公頃）
檢測值	6.1	0.05	4.2	19	122	4829
參考值	5.5-6.8	<0.6	>3.0	60-290	90-300	2000-4000
檢測項目	氧化鎂（公斤 / 公頃）	銅（ppm）	鋅（ppm）	鎘（ppm）	鎳（ppm）	鉻（ppm）
檢測值	413	1.8	2.0	0.19	0.6	0.1
參考值	200-400	<20	<50	<0.39	<10	<10
檢測項目	鉛（ppm）					
檢測值	3.3					
參考值	<15					

建議： 增加磷肥施用。
鈣含量偏高，減少投入。
鎂含量偏高，減少投入。

註 (1)：本資料僅供施肥參考，不作任何證明文件。nd 表示未檢出。
註 (2)：磷使用白雷式第一法測定，鉀鈣鎂使用孟立克氏法測定，重金屬使用 0.1N 鹽酸萃取法測定。

有機草莓 SGS 檢驗報告

土壤 SGS 檢驗報告

水質 SGS 檢驗報告

圖為頤禾園土壤、水質以及有機草莓 SGS 檢測報告，310 項農藥 & 二硫代胺基甲酸鹽均未檢出。

釋出；磷被固定成為無效磷，降低磷的有效性；鹼性陽離子（如鈣、鎂、鉀）及部分微量元素，因淋洗流失而導致缺乏現象。

對待過酸的土壤，可以到農會或是資材行購買土石灰，將其均勻撒在農田中，經與土壤混和，達到中和的目的。但需要注意：

1、避免過量施用，而引起土壤pH值劇烈變動，作物難以適應，土壤微量元素有效性劇減，且會造成土壤結塊或變硬。

2、另需要配合有機肥料使用，以免使土壤物理性變劣，養分元素逐漸枯竭。

3、使用方法要正確，用量要適當外，施用時要與土壤充分混合。

4、不宜條施或穴施或表面撒施。

5、避免與酸性化學肥料混合施用，以減少肥分揮發或固定，降低肥效。

而土壤電導度值（EC）則是估算土壤鹽分累積的綜合值，土壤溶液之化學成分對作物生長有很重要的影響。當土壤中的可溶性鹽達到某種濃度時，因土壤溶液濃度過高引起滲透壓升高，足以阻止植物吸收土壤水分，導致植物無法正常生長甚至於枯死。

偏高的ＥＣ對蔬菜造成的影響：

1、抑制蔬菜根部水分的吸收。

2、直接造成蔬菜根部的傷害。

3、阻塞水分及空氣的進出。

4、抑制土壤微生物及酵素的活性，不利養分的轉換。

5、造成土壤養分的不平衡而產生養分間的拮抗作用。

6、微生物相不平衡易使蔬菜產生病害。

欲改善偏高的ＥＣ，可以採取以下措施：

1、淋洗或浸水。

2、種植耐鹽性作物。

3、施用有機肥，增加鹽類溶解，加強土壤透水性及滲水性。
4、客土（須注意來源避免造成更嚴重汙染）。
5、深耕（在土讓採樣時，先了解底土的特性）。
6、剷除表面土壤後，適當補充肥料。
7、降低土壤地下水位及改善排水狀況，減少土壤蒸散及鹽分累積。

頤禾園SOP

頤禾園從建置生產環境到後續的生產品質管控都符合有機驗證，並且還有自訂的「綠色有機農場管理與操作之標準作業程序書」（SOP，Standard Operating Procedures），以依循及確保生產有機產品。

1、目的

提供綠色有機農場管理與操作之標準作業程序。

2、範圍

本作業程序係以頤禾園有機農園為主，包含後續的品質管控程序。

3、設備／儀器與材料

‧溫室（十二棟）‧冷藏庫‧預冷室‧中耕機‧打洞機‧快速堆肥桶‧育苗機‧育苗場‧推車‧籃子‧鋤頭‧大耙子‧小耙子

4、步驟

播種

首先將穴盤放入育苗機內，之後經由機器自動填充介質土、桿平與壓洞，機器再自動將種子置入穴盤中，完成採種階段。

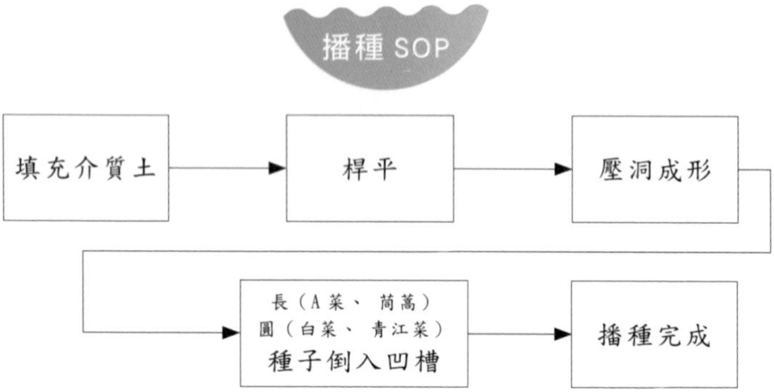

催芽

將播種後之穴盤堆疊，並於穴盤上灑水後，將塑膠布覆蓋於上方，以利保濕升溫，經一至三日後發芽，即完成催芽階段。

育苗

將發芽之種子移至育苗廠內，並定期灑水與觀察病蟲害情形，即完成育苗階段。

移（定）植

首先將預種植之溫室進行翻土，並於中間預留工作走道，之後將預種植之範圍桿平，再經由打洞機打

催芽 SOP

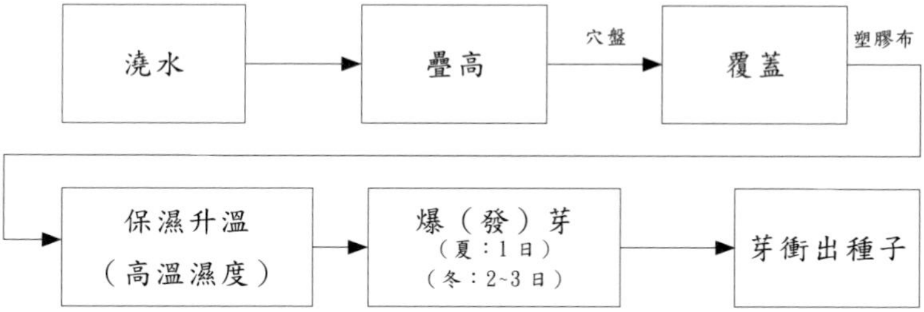
澆水
疊高
穴盤
覆蓋
塑膠布
保濕升溫
（高溫濕度）
爆（發）芽
（夏：1日）
（冬：2~3日）
芽衝出種子

移植

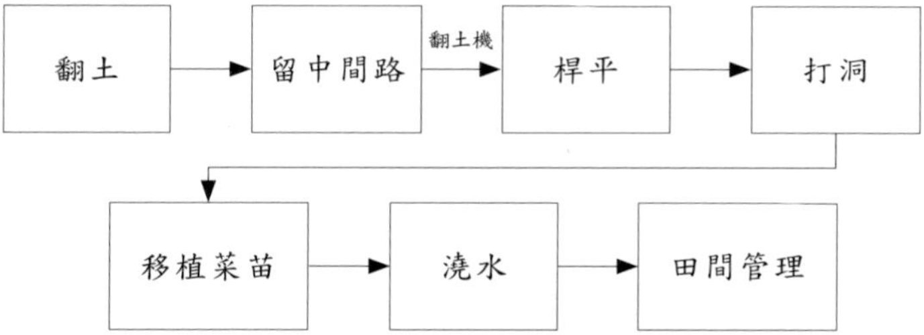
翻土
留中間路
翻土機
桿平
打洞
移植菜苗
澆水
田間管理

翻土路徑圖

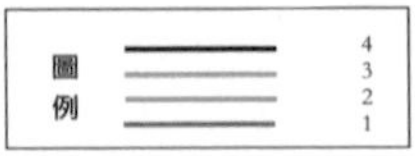

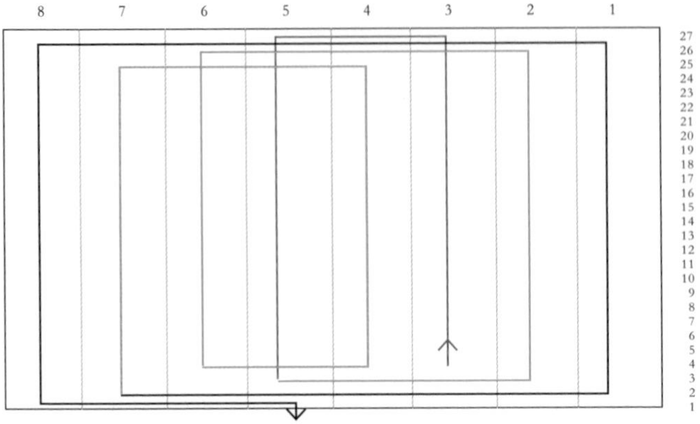

最外面黑線是溫室。按箭頭順序，中耕機進溫室後，依照 紅→藍→綠→黑路徑翻土。重點是，依循路徑，不會重複翻地，因為同一地塊翻兩三次後，土壤團粒結構會被破壞成粉末，反而不好。最後駛離溫室。

桿平路徑圖

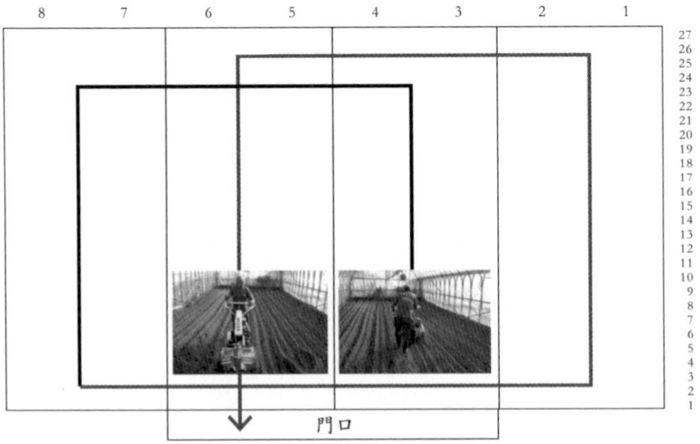

打洞路徑圖

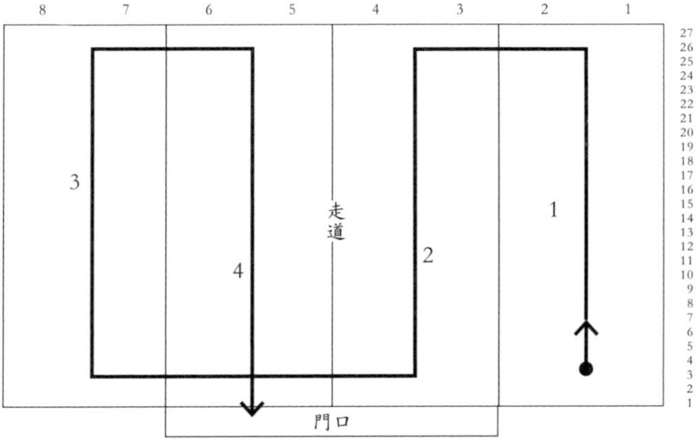

洞後，將育苗放入洞穴內，最後施灑水分於溫室內，即完成移（定）植階段。

葉菜採收後之處理

將田間採收之蔬菜送至預冷室進行預冷，之後依照蔬菜之特性，分置於高溫（攝氏十度，相對濕度RH百分之九十五）或低溫（攝氏零度，相對濕度RH百分之九十五）之冷藏室，最後再進行產品之包裝。

5、品質管制

將溫室土壤與灌溉之水質採樣，並送至桃園農改場進行檢測。

蔬菜採收前，將樣品進行農藥殘毒之檢測。

6、品管手法

日本科技聯盟與石川馨於一九六二年提出之QC（Quality Control品質管制）七大手法。

特性要因圖（Cause and Effect Diagram）：又稱魚骨圖（Fishbone Diagram）或石川馨圖（Ishikawa Diagram），可應用腦力激盪法找出

魚骨圖

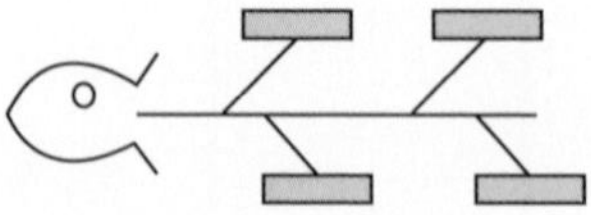

八二法則 PD-80/20 Rule

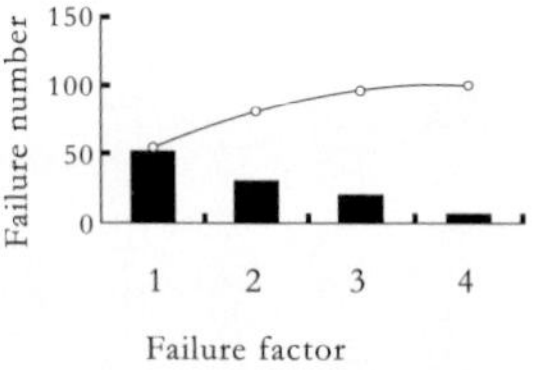

柏拉圖（Pareto Chart）

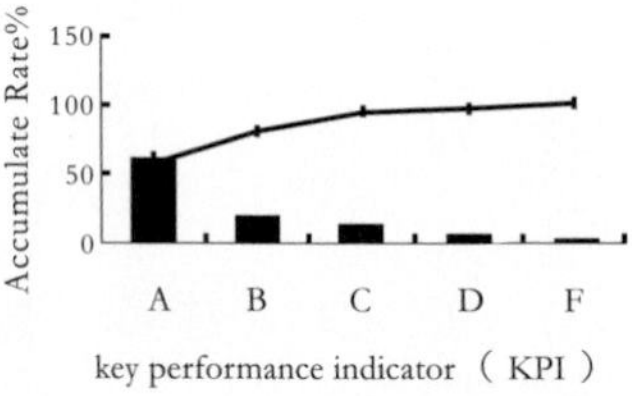

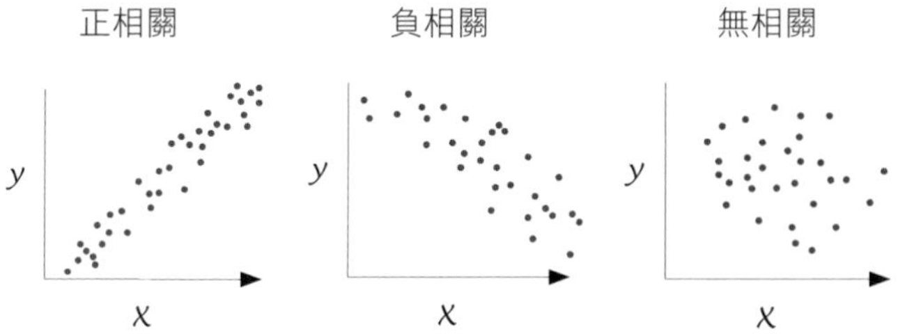

影響特性之要因，予以有系統整理。魚骨圖向右，針對問題點予以解析要因，進行要因分析；魚骨圖向左，針對要因予以檢討可行對策，進行對策分析。

柏拉圖（Pareto Chart）：可表現貢獻度與影響程度，深入決定問題點與改善目標，得到根本要因。柏拉圖強調重點導向，依照八十／二十之法則，可與層別法搭配使用。

散布圖（Scatter Diagram）：用於檢討成對資料之關係，並解析其間有無關係，亦可分析原因與結果之關係。散布圖可顯示兩個特性之間的強弱關係（正相關、負相關、無相關）。

層別法（Segregation Method）：將時間、場所、種類及問題性等資料予以分類且觀察，應用於資料之蒐集、問題點之決定、要因之解析、差異之分析、效果之確定。

直方圖（Histogram）：又稱柱狀圖，用以觀察資料之變異與分布狀況，以了解與規格值之間之關係，並可分析製程能力及獲得品質

直方圖

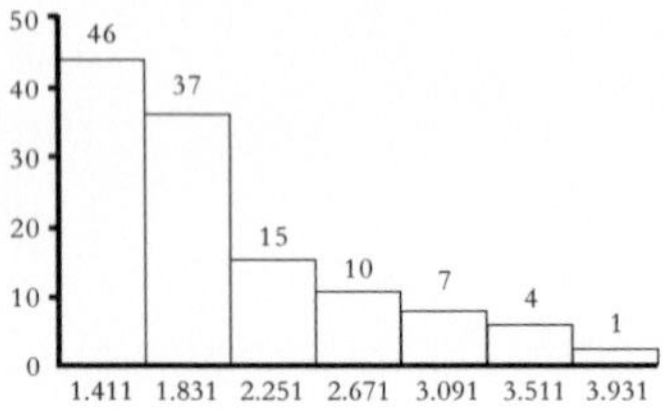

管制表

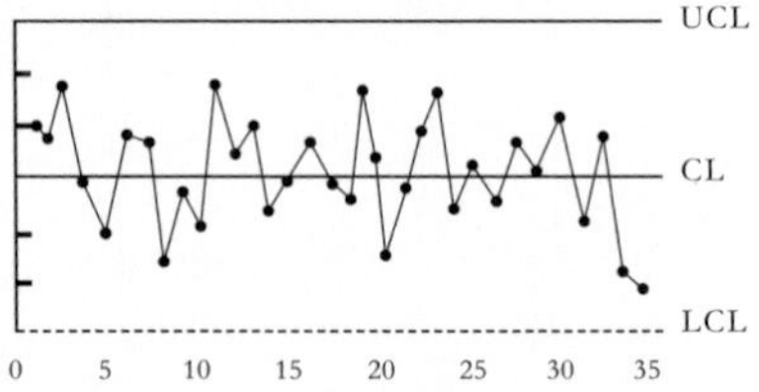

符合之狀況，可與層別法搭配使用。

管制圖（Control Charts）：用以訂定製程之管制界限，藉以控制在製程中輸入變數之品質及監控輸出結果之品質；可於發現異常時即時解析原因與矯正問題。

查核表（Check List）：分成檢查用與記錄用兩種，是用來針對魚骨圖之項目做檢查，以腦力激盪方式進行。

MOA 有機驗證標章

財團法人國際美育自然生態基金會，係國內有心人士與日本 MOA 國際協會（Mokichi Okada Association）所共同協議成立的 MOA 有機驗證機構，以自然農法來維護生態環境，並透過驗證過程以確保消費者的食品安全。

自然農法為岡田茂吉於一九三五年所倡議，秉持依循大自然法則，尊重土地、維護生態環境，達到人類與所有生命體的調和與繁榮；耕作技術與過程，充分發揮土壤原有的潛力，適當運用輪作、間作、綠肥、堆肥及各種含有養分的天然資材來維持或增進地力；同時，採共榮植物、天敵等生態法則來防治病蟲害及管制雜草；耕作全程完全不允許使用化學肥料、化學農藥、生長劑等，也不得使用人糞尿與未完熟的家禽畜排泄物為堆肥。

MOA 自然農法驗證流程，包含對人、地、農產品三部分，並依序逐步驗證。經三年實施自然農法，生產過程皆遵守基準規定，並經財團法人國際美育自然生態基金會查核、確認合格，才能獲得 MOA 有機驗證標章。

資料來源：財團法人國際美育自然生態基金會官網

MOA 申請驗證程序

提出申請

首次申請及重新評鑑	請詳閱： 驗證程序書、驗證執行基準

申請評估

受理申請，通知繳納文件審查費 （繳費時限為通知後 7 天內）	不受理申請，述明理由退回申請

文件審查

文件核對 （通知後 30 天內完成）	派遣稽核小組—文件審查 （通知後 14 天內完成）

實地評估

土壤、灌溉水採樣	申請加工、分裝、流通或集團驗證， 視情形作總部訪談

實地查驗

繳納實地稽核費、交通費 （稽核前 7 天內）	產品抽樣、檢驗費繳納 （稽核結束 3 天內）	矯正與預防措施回覆 （稽核後 30 天內完成）

驗證決定

驗證駁回 （三個月後才得重新申請）	驗證通過	限期改善 （通知後 10 天內完成）

檢驗證書核發

繳納證書費、檢驗管理費；
產品契約書簽訂（通知後 10 天內完成）

資料來源：財團法人國際美育自然生態基金會官網

Green 3

食農教育

現代有機農夫的專業養成

近幾年來，開始應邀在社區大學和一些機構授課，我發現，相較於十多年前，綠色就業的意願似乎提高些許。有愈來愈多人返鄉務農，投入友善環境的耕種行列；當然，也有不少都市人夢想著，有一天能夠自在於田野間，做個不受拘束的農夫……無論動機是就業或興趣，能有愈來愈多人認同有機耕種，願意為友善環境盡一分力，我總是感到欣慰；因為這表示，「綠」與「善」的面積會愈來愈擴大。

有意願、有心務農，該從何入門呢？其實，台灣各地都有提供培訓的管道和課程，以及在職進修、創業平台等，方便就近參與。十多年前，我也是參加農委會的「園丁計畫」，一周之內接觸了花卉、蔬菜、畜產各種領域，理出自己對農業的興趣，也讓自己取得等同農民的資格，從一連串的課程培訓，將自己養成一名專業的有機農夫；而今，農委會更開設了農民學院，從農業入門班，到初階、進階、高階訓練課程，甚至還有輔導平台、農場見習計畫等，管道和課程都更多元且完善。

我個人認為，找到一個正在運行中的農場去實地見習是很重要的一環，而且時間至少要六個月，最好是十二個月，正好歷經一輪春夏秋冬。目前，頤禾園也是農委會農民學院登錄的見習農場之一，現正指導一名見習學員專業的農業知識技術和農場經營管理實務。以我的經驗，理論和實作一定要並行。光是坐在教室裡，吹著冷氣，腳踩水泥地，頭頂天花板，學怎麼務農，是很奇怪的；一定要自己下田，雙腳踩在農地裡，頭頂著天和日頭，腳踏實地也腳踏「食」地，用雙手和身體去實際體驗農務的辛勞，才能了解耕種的學問和問題點在哪裡，也才能以農夫的視角去看待務農這件事。

然後，現代農夫不能只是一名會耕種的農夫，也還必須是一名稱職的農場經理人，從生產、銷售到金流、物流都要懂得掌握，這一點是我一直強調的。要習得好技術，把菜種出來，並不難，但若不擅經營管理，下場就不會圓滿；因為，菜長出來了，卻賣不掉，一切辛勞就歸零，一再受挫於「為什麼沒有人來買我的菜」，最後就會想放棄。

即使已經務農多時，我還是持續不斷地在進修，與時俱進，提升並擴展自我的各項能力。例如：參與環境相關論壇與會議、MOA 有機觀摩與進修、行銷策略研習等。不久前，為了取得見習農場認證，我也去農委會受訓過，學習如何當一位可以指導見習學員的農場主。農委會規劃的教學指導訓練課程，從農業產業界定與經營模式分析、數位農務、農產品生產成本的計算與應用、善用管理循環提升工作效能等，幾乎都著重在管理與行銷層面。不足見，培養多重能力、扮演多重角色，已成現代農夫的趨勢，不再像傳統農夫只專注於下田耕種那麼單純了。

對於有志成為有機農夫的新農，我有一些過來人的建議：

1、親朋好友開始：Family and Friend，2F概念。找到基本收入，保持基本盤。

2、多餘農地出租：供給市民做有機小農園，以增加額外收入，立於不敗之地。

3、降低繳費門檻：建立超商或網銀繳款機制，以方便客戶繳款，吸引客源。

4、農場作物為主：方便包裝配送，貨暢其流。

5、各種體驗練兵：重複操作練習，找出農場價值。

6、制定作業流程：導入企業管理，降低管理成本。
7、積極參與採訪：理出核心價值，訓練自己口條。
8、持續交流進修：參加專業課程，擴大專業領域。
9、充分運用時勢：順應時事話題，適度切入宣傳。如：消費券、奧運、低碳等。
10、熱心公益活動：後山星子計畫、環星計畫、吃好米送好鞋、手心翻轉計畫。
11、加強農場宣傳：整合農場資源，企劃亮點活動。如：奧運插秧、國際稻草人、在地食材異國料理等。
12、深入校園教學：教育從小開始，強化食農教育、環境教育的向下扎根。
13、參加產學合作：融入學術研究，增加農場亮點話題。如：參與農產品碳足跡研究計畫。

14、連結國際志工：擴大國際視野，增加農場的國際能見度和知名度。

15、持續培養新農：複製成功經驗，持續優化管理。如：綠種子計畫、綠手指計畫、社區大學、專業農民研習等。

16、加強可持續性：複雜的事簡單做，簡單的事重複做。如：吃好米送好鞋活動七年，IFFC國際有機農村體驗營四年，每一年配合農場生產的插秧、割稻體驗活動，可持續優化、降低成本。

向下扎根的環境教育

有機農場講求自然及生態保育、永續，這些概念正是環境教育（Environment Education）的要素，因而使得有機農場成為推行環境教育的一處重要場域。透過在田野裡的親身體驗，與自然、生態進行互動，直接從環境中得到知識、技能和價值觀，生動、活潑、有趣的方式，學習效果大為加分，還能找回被大自然擁抱的感動。

這些年來，我陸續接到不少的授課和演講邀請。有的是專業課程，協助培訓綠種子，也有的是業餘課程，用以推廣食農教育。對於絕大多數的邀約，我通常都會欣然接受，視機會為契機，畢意能夠多加推廣，就能多傳遞一分「綠」和「善」的希望。很多時候，我開放頤禾園為上課場域；有時候，則全台各地到處跑，到國中小學、技職學校、大學等各級學校及社區大學去授課，也曾應邀到對岸演講、馬來西亞及新加坡等地去交流。

依據不同的課程或演講特性，我會設計不同的內容，但最終的目標都是一致的，傳達有機種植與環境保護的關聯性，讓大家了解有機農業的重要性，以及維持水土資源保育與生態系統平衡的必要性，才能永續珍貴的自然資源。其實，環境淨化了，人也能蒙其利，身心都健康，日子更快活，何樂而不為呢？

環境教育需要向下扎根，別小看一場寓教於體驗的食農教育課程，傳遞給孩子的訊息絕不亞於教室裡的一堂課。孩子從腳踏「食」地的體驗中，不僅學習到有機種植的一些知識，更重要的是「態度」，從大地的生命力中體會到尊重土地、自然的態度，以及良好的飲食態度。我也非常鼓勵親子一同來參加環境教育活動，全家一同「改變」，一起過有機的健康生活，以感恩、尊重的心對待土地孕育出來的食物，不挑食、不暴食、不浪費。

加工食品、調味食品盛行，香精、色素、防腐劑泛濫，現代人的味蕾已經備受荼毒而不自知，不分大人或小孩，不識食物原貌、原味的，大有人在。但是，只要他們來農場走一遭，親自體驗過一次，嚐過鮮採蔬果、簡單料理的真滋味，他們就會驚豔於食物的天然好滋味，一輩子不再忘懷。從最切身的日常飲食體悟起，再回過頭去看友善土地這件事，就會深刻了解環境保護的重要性與迫切性。

來當一日農夫

從事有機農業之後，我深刻體會到，農田就是最好的環境教育與食農教育教室。經由自己五感的實際體驗，最能直接感受到自己與土地、食物之間的關係，比坐在教室裡聽課的效果強上百倍。「一日農夫」的概念便是由此而來。

一日農夫，也是一趟有機農村的輕旅遊行程，結合了「綠」（環境友善栽培、環境生態）與「文化」（客家擂茶及養生壽膳），以農夫體驗的方式進行環境教育及食農教育。一旦親身體驗過下田種植這回事，再回來聆聽教育分享，等於親身經歷了一趟食材旅行，探索了食物背後的真相，就更能理解友善環境栽種與低碳、零食物里程及零廚餘的重要性。

一日農夫的第一課，水資源及生態導覽。水脈如同命脈，實際探訪珍貴的生態寶庫，用心靈和真誠獻上對土地的感謝。

第二課，自己下田去。從農事實作中去體驗大地所蘊藏無限能量，一同參與小小蔬菜們的生長歷程。

第三課，來到急速降溫預冷室，體驗蔬菜保鮮的祕訣，就是採摘後，要先幫它們急速降溫，以保持蔬菜原有的好味道。

第四課，有機農夫教你吃。如何買蔬果？什麼是有機？怎樣才安全？食物要怎麼吃？揭開食物營養和食品安全的面紗，用腦袋做養生料理。

第五課，吃飯囉。壽膳定食，匯集在地菁華食材於一餐，是味蕾的最佳宴饗，搭配依山傍水、蟲鳴鳥叫的自然場域氛圍，用最原始、簡單的方式品嚐最真實健康的大地好滋味。

第六課，有機農村趴趴走。農業、飲食文化，也是形塑當地文化的重要元素，走一趟軟橋彩繪村，發掘在地的動人故事，感受濃厚的鄉土人情。

第七課，擂茶。客家達人教你如何擂出真正茶味純、香氣濃又生津止渴、清涼解暑的道地擂茶。

第八課，焢窯。堆土、燒柴，焢窯燒番薯。在等待美味「夯」番薯出窯時，何妨在農田中盡情恣意奔跑、笑鬧。對大人們而言，是重溫兒時舊夢；對孩子們來說，是多麼的新奇有趣啊。

一聽到要上課，就覺得很無聊？不會的，這場環境教育與食農教育課程，把教室搬到農場裡，在吃、喝、玩、樂的潛移默化中，你不僅體會了農夫的日常（有多麼的辛苦），也跟著食材旅行了一趟，而環境是多麼的重要、食材是多麼地需要珍惜、是否懷抱感恩的心把食物吃光光……這些，都悄然上心了。

AM
農事體驗
大地蘊藏無限能量，
邀您一同參與並見證
小小蔬菜們的生長歷程。
有機農夫
教你吃
蔬果如何買？
食物怎麼吃？數十年的
寶貴經驗，揭開食物營
養與食品安全的面紗，
讓您科學智慧來養生，
懷藏撇步做料理。
壽膳定食
（幸福密碼養生湯）
匯集在地精華食材，
搭配依山傍水、
蟲鳴鳥語的自然環境，
用最簡單的不簡單方式，
讓您的味蕾享受最真實健康
的大地好滋味。
急速降溫
預冷體驗
知道如何保持蔬果鮮採
時的好味道嗎？
分秒必爭的鮮度保衛戰，
正等您來挑戰！
水資源
暨生態導覽
水脈如同土地命脈，
讓我們一起來探索
珍貴的生態寶庫，
用真誠的心，
獻上對土地的感謝。
PM
有機村趴趴走
軟橋鄉，彩繪村，
在地的故事真美，
鄉土的人情最濃！
用腳蹤接觸軟橋的土地，
打開心房享受五感的盛宴。
炕窯
刨土、燒柴，
大啖美味番薯，
在農田中盡情奔跑，
讓大人重溫兒時舊夢，
孩子新奇嘗鮮的美好體驗。
擂茶
想要了解正港的擂茶滋味嗎？
走過路過別錯過！
教您擂出茶味純、香氣濃、
生津止渴又清涼消暑的道地擂茶。

一日農夫，是一趟有機農村的輕旅遊行程，也是一趟食材旅行。探索了食物背後的真相，就更能理解友善環境栽種與低碳、零食物里程及零廚餘的重要性。

國際有機農村體驗營（IFFC, International Fun Farming Camp）

曾經，田裡的稻草人是孩子們的大玩偶；曾幾何時，稻草人已不復見於田間，阿禾也就那麼失業了。不過，阿禾又回到農場裡了，頭頂著麻雀母子相伴，一起以代言人身分復出田間，肩負起環境教育與食農教育的重任。

每年的暑假，阿禾都要出場好幾個梯次的國際有機農村體驗營（IFFC, International Fun Farming Camp），和來自世界各地的國際志工們，一起帶領一、二百位的中、小學生，認識食物、農業和生態環境，建立人與食物、人與土地的關係，了解自己吃的食物，培養選擇食材的能力，對生產者有更正確而豐富的認識。

國際有機農村體驗營的對象，限定於十到十六歲的國小、國中學生，主要是向下扎根，以寓教於活動的方式傳遞環境教育與食農教育，讓孩子們親身體驗農村生活與文化，進而改變他們對於農村的想像，找回純真與質樸。

為期四天的營隊活動中，孩子們在阿禾和國際志工的帶領下，一起在做中玩、玩中學習並體驗環境友善栽植及水資源的重要性。附加價值還包括：全英語的語言學習環境和國際交流。

從二〇一三到二〇一六年，連續四年暑假的國際有機農村體驗營，儼然成為頤禾園的一大亮點。超過五百名的學員，來自全台各地，甚至還有遠自澎湖、中國大陸、美國來的學員；國際志工也從四面八方而來，包括：美國、俄羅斯、德國、葡萄牙、捷克、法國、巴西、新加坡、馬來西亞、泰國、印尼等十餘國。

國際有機農村體驗營有五大特色——

1、體驗農村生活：在有機農場裡，體驗焢窯，設計並製作稻草人與南瓜燈籠等田園樂趣。

2、拓展國際視野：與來自世界各地的異國青年互動、分享，培養國際觀。

3、建立團隊精神：分組進行有趣的大地團康活動，學習團隊合作。

4、認識有機栽培：戴上自己彩繪的斗笠，融入田野的懷抱之中，體驗播種，認識餵養我們的土地、農作物與生態，在大自然的教室之中更加認識大自然。

5、培養科技頭腦：有機農業與現代科技結合，利用自然資源學習永續的概念。

四天活動下來，學員與志工朝夕相處，打成一片，和樂融融，樂不思蜀；更重要的是，他們都翻轉了既有的農村印象，並且更加懂得珍惜與感恩。不可以浪費食物的道理，爸媽和老師可能講

向下扎根，以寓教於活動的方式傳遞環境教育與
食農教育，讓孩子們親身體驗農村生活與文化，
進而改變他們對於農村的想像，找回純真與質樸。

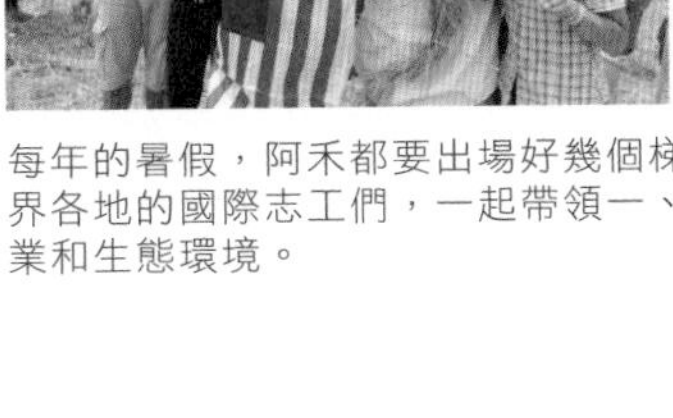

每年的暑假，阿禾都要出場好幾個梯次的國際有機農村體驗營，和來自世界各地的國際志工們，一起帶領一、二百位的中、小學生，認識食物、農業和生態環境。

了一百次，他們都還聽不進去，但是透過自己在田間的親自體驗，環境教育與食農教育就潛移默化地進入他們的生活態度裡。自己揮汗種的菜、做的菜，能不吃光光嗎？

Green 4

可食地景

一顆柿子的價值

入了秋，黃澄澄的柿子熟了、收成了，強勁而乾燥的九降風一吹進新竹隘口，新竹縣新埔鎮的柿農便展開了沒日沒夜的柿餅加工大作戰，削柿、曬柿，都得搶在這強風、烈日的當下，一旦風停了，就來不及了。

於是，九降風一起，新竹便有了另一種金黃的風景，吸引大批國內外遊客前來朝聖。三合院的廣場，削了皮的柿子躺在篩盤上，悠然地吹風、作日光浴，再配上日照角度的光影，遊客都瘋狂了，左拍、右拍、前拍、後拍，還要從下往上拍、由上往下拍，每一個角度都不放過；拍完了柿子，還要再拍攝人物，以俐落手法快速削柿皮的阿桑，用雙手幫柿子按摩的阿伯……整個柿餅廠，無處不風景。獨特的地景和新埔「柿」鎮的名號也隨著一張張精彩的照片揚名全球。

新埔「黃金新柿鎮」的成功打造，是農產經濟價值提升的一個好案例。原本一顆只值幾塊錢的柿子，加工而成柿餅，身價便直線上升，以柿餅入菜，烹調成雞湯和其他創意料理，則成了一桌柿宴，價值更扶搖直上；甚至，削下來的柿皮，還能資源回收，製為天然、無毒又環保的染料，做成柿染布，再變身各式文創商品。農業、食品業、餐飲業、服務業、文化產業、觀光產業……彼此鏈結，異業結盟，連動發展，行銷了新竹在地特色產業及文化，同時也活化、再生了農村。

在這裡，農村地景，不再只是途中路過驚鴻一瞥的田園風光，只能用自然、純樸來形容，而是升級成可以吃、可以看，值得駐足停留下來，用五感細細品味其風土與文化的景致。

柿子園行，有機農園也行。除了本業的栽種與銷售，也能結合食、衣、住、行、育、樂等生活產業，發展成包含農產品、農事體驗、生態導覽及結合文化、創意的休閒觀光產業。

可食地景，Edible Landscaping，顧名思義是可以吃也可以看的景色，但最初指的是城市裡的綠化景觀，利用城市裡的綠化空間，以友善方式栽植農作物，一種在城市裡實現田園生活的概念，同時培養人們對土地的關懷和正確的飲食觀念。後來也發展出，以生態園方式設計農園，讓農園有美感和生態價值，兼具食材、美景與環保。

我所規劃的可食地景又有些許不同，主要是推廣在地食材和零（或低碳）食物里程、零廚餘，但目的性是一致的，都期望能培養人們對土地的關懷和正確的飲食觀念；同時，也要帶動有機農業周邊相關產業，形成產業鏈。

二〇一四年，先發起餐桌計畫，共辦了四場「鄉間幸福好食光」，分別是：竹東稻田版、關西民宿版、湖口天主教堂版和五峰原民部落版，整合了新竹縣在地農漁牧產、食品、餐飲、文創等產業，設計不同主題的餐會，帶領人們走進鄉間、回到自然的懷抱，感受這片土地上時時刻刻的美好，進而認識並支持在地的優質產業。

從二〇一四年到二〇一五年，四場餐會吸引了包括台灣和來自美國、加拿大、澳洲和中國大陸等地的上百位賓客。

經過四場的「試水溫」之後，我們又將這個訴求放慢步調、用心感受的「鄉間幸福好食光」活動，推廣到新竹縣十三個鄉鎮巡迴辦理，也接受團體預約包場模式，以客製化的設計，服務團體客戶，將台灣的好山、好水、好農夫和好物，透過整合和細膩的設計，變成一種創新且有溫度的服務模式（商品），最終並進入商業運轉，幫助農夫創造農村新價值，也協助相關業者提升自我產業價值，讓綠色農村和在地良品可以永續發展。

每一場「鄉間幸福好食光」活動，都是先看、先聽、再吃，透過食材之旅，與自然、文化零距離接觸，進而謝天謝地、珍惜食物，學會謙卑與敬重大地；所呈現的，也不只是餐桌上的一道道料理，還有生活態度、生態理念、文化體驗等許多面向。

誰說柿子只能值幾塊錢？誰說有機農夫沒有出路？堅持理念，懂得創新與創造價值，柿子也能完美變身，有機農夫也能翻轉社會地位。而非農夫的你，與其在城市裡屈就有限空間創造出來的可食地景，何不奔向大自然，到田園裡盡情享受真正的可食地景。

鄉間幸福
好食光
part 1

竹東稻田版

七月間，正是稻子結穗的季節，有什麼色彩比得過稻穗的金黃，有什麼姿態能勝出稻穗盈滿的下垂之姿；微風徐來，金黃波浪舞動著，是毫不做作的現場表演，配樂是鳥叫蟲鳴，燈光是漸沉的暮色。這樣的用餐環境與氛圍，何人能及？更不用說，我們把新竹縣頭前溪南五鄉鎮的十七家優秀在地業者都請來了，要給三十位嘉賓一個難忘的「鄉間幸福好食光」。

這是「可食地景」計畫之「鄉間幸福好食光」的第一場——竹東稻田版，場景就設置在頤禾園有機農園裡，時間是二〇一四年七月十二日的下午到晚間。

嘉賓們抵達頤禾園之後，先悠閒地倘佯在田園風光裡，再跟著

食物零里程、產地直上餐桌的概念，促成了這場稻田裡的饗宴，我們直接把長長的餐桌搬到金黃稻田間，在好山好水及美景的環繞下，享用零里程好食材料理出來的健康美味。

在地的漬菜達人阿金姐一起動手做淺漬南瓜，理所當然，這身形碩大飽滿又散發清新香甜味的南瓜是出自頤禾園有機農園，零食物里程。隨後，由我進行導覽在地的有機農法與自然生態，源自日本MOA的光輪花藝教授師法自然的花藝美學。

傍晚時分，壓軸大戲上場，三十位嘉賓到稻田裡的長餐桌就座，在好山好水及美景的環繞下，開始享用好食材料理出來的健康套餐。

有機蔬食沙拉，用的是頤禾園的有機蔬菜，以阿金姐的梅子醬為沙拉醬汁基底，再搭配新鮮百香果。微酸微甜的清爽蔬食風，非常適合夏日。

粄條柿餅卷，以口感厚實的粄條，包裹北埔姜太公柿餅、北埔原味擂茶粉、竹東黃記粄條、芽菜。每一口都有濃郁柿餅的乾果香和擂茶粉的堅果香。

主菜是來自尖石天然谷的鹹鱒魚，佐以頤禾園有機南瓜和地瓜做成的南瓜球、烤地瓜。食材好，原味就是美味，無需調味料來矯飾。

野薑花苞湯，以內灣娥姐野薑花和竹東滿珍香雞肉熬出一盅清新淡雅的清雞湯。

閒情意燉飯，以北埔噹好吃鹹豬肉入竹東產銷班有機米炊飯，佐以竹東阿娟

姐酸菜，不油不膩，只有米飯的香甜和鹹豬肉的鹹鮮。

夜幕襲上，甜點登場，是竹東紅磨坊就ｉ愛蛋糕，搭配峨嵋茶莊東方美人冷泡茶和頤禾園有機玫瑰，為餐會畫下甜蜜的句點。

這一場腳踏「食」地的晚餐，贏得了所有參與嘉賓的好評，也為新竹縣的在地特色好物做了最美味的宣傳。

從產地到餐桌，最近的距離，應該是零吧。食物零里程的概念，促成了這場稻田裡的饗宴，我們直接把長長的餐桌搬到金黃稻田間，享受零里程的食物，當然也以惜福、感恩的心，把每一道料理都完食，養成零廚餘的好習慣。

關西民宿版

「可食地景」之「鄉間幸福好食光」第二場，選在秋高氣爽的仙草季節，地點當然就是新竹縣的知名仙草鄉——關西。

關西的風土，十分適合仙草生長，所產的仙草品質佳、香氣濃、膠質含量高，漸漸打開了關西仙草的名號，各式仙草產品已成為關西的必吃美食和必買伴手禮。

吃過各式仙草食品，但可知仙草的長相？關西版的「鄉間幸福好食光」，不只要來場仙草宴，還要帶領食客們親自體驗收割仙草的樂趣，倘佯在有機農法耕種的仙草田中，用心感受「綠」與新鮮，認識腳下的這片「食」地。

仙草，顧名思義，與「仙」有關，被傳說為仙人賜予人們的草，有清暑熱、解毒之功效，又稱仙人草、田草、洗草等。我們常見常吃的仙草食品，如：仙草凍、仙草茶、燒仙草，都是由曬乾的仙草莖葉加水熬煮而成的，呈現黑褐色，香氣特殊，味甘。為什麼要將仙草曬乾再來熬煮呢？除了好保存之外，時間也能增添仙草的濃、醇、稠。然而，新鮮仙草一樣可以煮茶、泡茶、入菜，風味更顯清甜。

二〇一四年九月二十七日，在秋天與仙草的美麗邂逅，便在關西力量農園與托卡尼民宿登場，同樣串連了新竹縣十三個鄉鎮的特色產業，設計成一場具知識、體驗、美食與休閒的「可食地景」活動。

當天下午，二十多位食客們換上農夫裝，先到有機仙草田做一趟知性的體驗之旅，聆聽農家訴說土地和仙草的故事；待日落時分，再到民宿莊園享受「好食光」。我們特地將餐桌椅搬到了小

關西版的「鄉間幸福好食光」，不只要來場仙草宴，還要帶領食客們親自體驗收割仙草的樂趣，倘佯在有機農法耕種的仙草田中，用心感受「綠」與新鮮，認識腳下的這片「食」地。

日落時分，在夕陽餘暉及滿園綠意的圍繞下，關西民宿莊園版的「好食光」登場了。小葉欖仁樹下，長長的餐桌，鋪上柿染桌巾，擺上柿染燈罩的檯燈，濃濃的在地氛圍，更襯托了在地食材匯聚成的美味。

葉欖仁樹下，鋪上柿染桌巾，擺上柿染燈罩的檯燈，營造在地氛圍，並在夕陽餘暉及滿園綠意的圍繞下，享用在地食材的匯聚成的美味。

這一晚的餐會，以仙草膠磚佐古早味醬油的創意料理，拉開序幕；接著，是在地有機當令蔬菜做成的前菜和湯品；主菜是關西客家式豬腳佐關西玉山麵，別有風情的口感，是一道教人難以忘懷創新田園料理。仙草茶，自是餐桌上不可或缺的飲品，在地主人曾妃玉以養生精力湯做法，打出一杯杯爽口又清新的仙草冰沙，完美搭配整個餐宴。

經由一趟漫步田間的食材之旅，及親身體驗農夫的收割辛勞與收穫喜悅，學會謙卑地向大自然彎腰，然後再以感恩的心吃完天地所給予的賞賜。這一場「鄉間幸福好食光」，除了五感的滿足，最重要的是，領悟尊重自然、友善大地的生活態度。

湖口芋來遇有味

「鄉間幸福好食光」的第三場，來到湖口老天主堂，時間是二〇一四年十二月二十四日。平安夜，於聖殿用餐，耶誕氣氛格外濃厚，也更滿懷感恩之情。

湖口天主堂，由耶穌會滿思謙神父籌建，一九六五年完工並啟用，為一傳統義大利式教堂，外觀是特有的洗石子牆面、彩色拼貼玻璃，曾為湖口地區天主教信仰中心，亦是湖口老街上醒目的地標之一。二〇〇六年經新竹縣政府指定為新竹縣歷史建物，目前為老湖口天主堂文化館，是社區居民的藝文中心。

這一天，來了三十二位嘉賓，除了新竹縣縣長邱鏡淳、副縣長徐柑妹，還有來自中國大陸武當山的吳信玄道長、香港的電影製

片、新竹市米粉公會總幹事、台北的追食光粉絲、媒體的企劃團隊、明新科大和大中華科大的教授，及新竹縣地方特色產業的輔導團隊。

食當季，食當地。湖口的冬季時令食材——芋頭，躍升這一場好食光的主題「芋來遇有味」：在芋頭來臨的季節，遇見有歷史的古早味。所以，在好食光開始之前，我們與嘉賓先來一段深度小旅行，漫步老街，探訪當地的文化，追憶古早；然後，回到老教堂裡，等待平安夜降臨，於悠揚的樂聲中，大家一同感謝上天及大地所

湖口老天主堂聖殿裡的「好食光」。這一晚，大家在餐宴上感受到的，是平安夜的感恩心，還有來自新竹縣十三個在地業者的用心。

給予的一切，讓人間的歡笑得以延續，再以感恩的心情享用耶誕大餐。

應景的紅綠配自是不能缺席；當紅色的湖口紅糟鴨佐新豐的綠色剝皮辣椒一上桌，耶誕氣氛不僅滿溢在教堂裡，更滿足了每一位食客的味蕾。芋頭濃湯，香甜潤滑，既暖胃也暖心。竹北烏魚子和新埔柿餅也是不可或缺。每一道都是以嚴選在地食材做出來的精心好料理。

這一晚，大家在餐宴上感受到的，是平安夜的感恩心，還有來自新竹縣十三個在地業者的用心。

五峰浪漫泰雅原食

「可食地景」之「鄉間幸福好食光」第四場，深入山區，來到新竹縣五峰鄉竹林村的和平部落，跟著泰雅族人的步伐，傾聽大自然的「原」聲，感受山靈水秀的美好，品味樸實無華卻有真實好風味的原住民食物。

三響竹炮、迎賓歌舞，是這場「好食光」的特別開場。耆老悠揚的歌聲在山林間迴盪，泰雅族人為賓客披上編織披肩，非常「原」味地立即帶領大家走入原住民的文化裡。

與前三場「好食光」不同的是，這一場結合了和平部落竹林養生村，活化原住民部落，推廣原住民文化，將在地農業與旅遊接軌。透過體驗泰雅族人的生活智慧，傳遞尊重自然的生活態度。

既歌又舞、尋找祖靈、假紋面、打獵、弓箭、長槍、大砲、竹筒、麻糬、烤火、段木香菇、芭蕉葉……原住民文化的體驗是那麼地教人驚奇連連，半天的活動，大家是一刻也不得閒。最後，連食物也要自己動手野炊一番。

親自採摘的新鮮段木香菇，串到長長的竹籤上，放到火上去烤，只以一點點鹽提味，竟然就有了渾然天成的極致美味，驚豔了每一個人的味蕾。經過這一場「原」食「原」味的「真食物」體驗，怕是「再也回不去」吃「食品」的日子了。

除了自己動手烤香菇、搗麻糬，我們還和竹林養生村共同設計了多道菜色，強調「零食物里程」及「零廚餘」的新健康美食及綠生活概念。從香菇雞捲、烤南瓜、馬告香酥魚、烤小米醃肉、竹筒飯、野菜捲、達那雞湯、香菇釀、蔬果沙拉、豬腳樹豆湯、香蕉飯等，每一道都是在地取材，也極具在地特色。

跟著泰雅族人的步伐，傾聽大自然的「原」聲，感受山靈水秀的美好，品味樸實無華卻有真實好風味的原住民食物。

親自採摘的新鮮段木香菇，串到長長的竹籤上，放到火上去烤，只以一點點鹽提味，就有了驚豔味蕾的極致美味。

為了這一場深山裡的「好食光」，我們前進和平部落多次，一再地勘查、演練、修正，希望推廣最原汁原味的原民文化和原民美食。唯有經由深度的認識與了解，才能打破文化之間的藩籬，進而彼此尊重、相互珍惜；與大自然之間的相處之道，不也正是如此。所以，「鄉間幸福好食光」要帶給大家的體驗，不只是「食」，還有很多很多……

Green 5

有文化的產業

有機農業新價值

現代農業在導入企業管理與行銷之後，已能從一級產業升級為六級產業，從一星進階為六星。

什麼是「農業六級產業化」？其實是援引日本「六級產業化」概念。這個概念，最早是由日本東京大學教授今村奈良臣所倡議。他認為，1＋2＋3＝6的六級化產業，應該是1×2×3＝6，因為若沒有一級產業的生產，就不會有之後的二級、三級產業，那麼整體產出就等於零。

二〇一〇年，為了振興國內農林漁業，日本農林水產省提出六級產業化政策並立法施行，藉以活化農村、山村和漁村，提高日本境內糧食自給率。日本農林水產省六級產業化的公式即是：生產（一級產業）×加工（二級產業）×直銷（三級產業），以一級產業為根基，連結二級及三級產業，晉升為六級產業，提高整體產業的附加價值。

近幾年，台灣也開始推行「農業六級化產業」，國家發展委員會（國發會）並針對有機農業啟動「有機農業六星加值計畫」，在花蓮、台東等地區策略整合有機農業、觀光休閒、文化創意等產業，再造農村。

在頤禾園，我也套用這個 1×2×3＝6公式：以順應天地、尊重自然、友善土地的有機生活智慧來發展一級的農業生產；導入工業品質化、制度化與標準化來協助二級的農產加工，並回頭修正一級的農業生產；再鏈結服務業的數位化、流程、品牌符號進行三級的管理與行銷；相乘之後，進階為融入美學、文化與創新的產業鏈（或聚落），包括：設計結合了美學與文化的可食地

六級化休閒農業

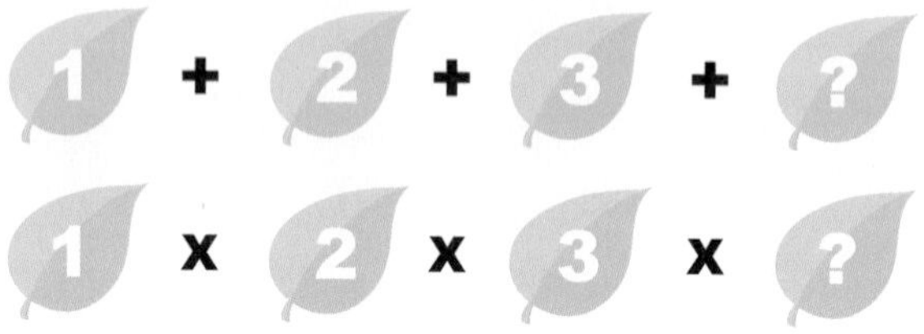

導入六級產業化概念，以與時俱進的經營模式，開創有價值的新有機農業，活化、再造農村。（如果可以繼續加、繼續乘，就能超越六級化）

景、體驗農村的輕旅遊，從單打獨鬥，到整合在地特色產業，打群體戰，形成價值鏈，做出農產新價值，即是六級化新農業。

要讓這個公式得以成功，我的第一塊磚必須要很扎實，做到完全的有機、安全與健康，如果一級產業沒有做好，是零的話，再怎麼相乘，結果都是零。

經過十年的摸索與努力，頤禾園總算做出一些口碑，從一座單純的有機農場，發展成一處兼具自然、農業、教育、休閒等多功

農業六級化發展策略

借 1　借用 1 級農業尊重自然的生活智慧

接 2　連接 2 級工業品質化、制度化、標準化措施

連 3　連接 3 級服務業的資訊、流程、品牌符號

晉 4　進階 6 級產業，成為融入美學、文化、創造的新興農業

農業六級化發展手段

攻略 1　擴大友善栽培面積

攻略 2　青年農民返鄉

攻略 3　創造農產品新價值

攻略 4　農產品融入在地文化特色與感人故事

能的農場，提供全方位的農村體驗及有機農作研習、生態導覽、環境及食農教育，並整合行銷新竹在地特色產業及原鄉部落文化等，將農場價值極大化。

然而，獨善其身或做大並不是我想要的，我的目標是感染出更多的「綠」與「善」。我希望，我的有機小農經驗可以一再被複製，吸引和協助更多青年農民返鄉，擴大友善栽培面積，創造有機農產品新價值，最後達到農村再造、產業升級。

所以，頤禾園，除了上述的自然、農業、教育、休閒等多功能之外，還是一處培訓的場域，接納有志從事有機農業的青年農夫來見習，水平複製頤禾園的營運模式。

自古，不管是農業或農村，都是重要的資產，也是文化的體現，只是工業化之後，農業價值被長期低估了。不過，工業發展迄今所衍生的種種汙染問題，已讓人們回頭重新審視、關切環境。為了提升生活（或生命）品質，人們開始重視健康、養生，而這一切又得回歸至淨化環境、有機農業。有機農業是否有產值？答案是肯定的。接下來就是，如何再界定有機產業，並導入與時俱進的經營模式，開創有價值的新有機農業。

樸拙美學

上坪溪的水悠悠流淌過新竹縣竹東鎮，河畔的軟橋成了一個有豐沛水源可滋養的社區，放眼所及盡是綠意盎然的水稻田。源自大霸尖山下游的清淨水質，加上黑砂土，及日夜約攝氏八度的溫差，造就了一個特別適宜穀類生長的環境，所產的有機香米，質地佳，香氣濃郁卻清新可人。

上天賜予的好山與好水，自需珍惜。這裡的農夫很早就有友善環境的理念，目前採有機方式耕作的農田面積高達九成，已形成一個有機農村聚落。不同於傳統農村，從「綠」與「善」出發的有機農村再造，讓軟橋在好山好水的環抱中，既保有農村的樣貌，又跨領域結合了產業、生態、文化與景觀，創新發展出特有的樸拙美學。

這裡的美學符號，不是美化、矯飾來的，是有內涵的。有機農園裡，尊重大自然、與環境共生，是腳踏「食」地的綠理念；客家村的廟宇、老宅與老街，是在地居民的信仰與生活歷程；彩繪街景訴說著一則又一則的客家故事；洗衫坑勾勒著特有的客家妹風情……是人與環境、人與物、人與人之間的情感共鳴，歷經時空的演進，演化出這麼多具有回憶、社會價值及魅力的小鎮特質。

軟橋社區的在地資源是豐富的，風土、物產、人文皆有其特色美學，加以資源整合而再生的生活空間，開創出農村新價值，讓農村不僅僅是耕種作物的場域，也是生活理念的實踐，同時吸引更多認同這樣生活哲學的人前來，或消費，或觀摩，或旅遊……以各種友善環境的方式，一同讚賞並維護這裡的樸拙之美。

在地文化

軟橋之名，其來有自。係昔日居民，以黃藤和竹子所編織的一座便橋，作為橫渡上坪溪到對岸的橫山之用；時至今日，這座走來搖搖晃晃的橋已不存在，而「軟橋」則以地名形式留傳了下來。

上網以「軟橋」為關鍵字進行搜尋，排序在最前面的結果多是「彩繪村」。綿延約一公里的彩繪街景，讓軟橋成了遊客慕名而來的景點。發起彩繪軟橋的人是軟橋的女婿——吳尊賢，最初他只是想幫岳家妝點外牆，未料卻引起一股風潮，於是他便和村民一起，以屋舍牆面、電線桿、馬路護欄為畫布，一筆一畫繪圖、上色，題材與風格多元、用色強烈而繽紛，成了另類的農村風景。

從這些大膽而誇張的畫作裡，可以一窺農村、客家生活樣貌，甚至習俗和俗諺也都畫上了牆，其中還不乏以羅馬拼音或注音的客語，濃濃的客家風情躍然牆上，教人驚豔之餘，也達到了傳遞文化的作用。

軟橋老街，在清末至日治時期，曾經繁華一時，上坪、五峰等地原住民山產與平地漢人農作物在此交易、集散，街上各式商店一應俱全，熱鬧非常，由於房舍低矮，俗稱「矮店」，亦有「隘店」之稱，有關隘功能，用以管理人員及貨物的進出。而今，市集榮景不再，由絢爛歸於平淡。

傍水的軟橋，至今仍遺有多處洗衫坑，也是呈現濃厚古早生活味的特色景觀。往昔，客家婦女沿著圳路放置石板，築成天然洗衣場，洗衣時間同時也是八卦時間，大家一邊捶石頭或敲棍棒，洗衫、洗褲、洗被單，一邊聊是非、交換訊息、笑鬧。每當過了

彩繪是軟橋的特色風景，也是在地文化的呈現。

農曆年，第一次來洗衣時，還會備上香和金紙祭拜水神，為汙染水源而致歉，並感謝祂帶走汙穢，充分體現用水人的愧疚與謙卑之心。

走到軟橋里四鄰的洗衫坑旁，這裡安奉著「水頭伯公」。由於伯公的庇佑，當年電燈圳引水道工程才得以順利完成。

一個地方的生活軌跡，歷經一代又一代，一直延續下來，就成了充滿故事的文化，就是歷史。軟橋這裡也不例外。融入在地文化的導覽，才能讓來訪者深刻體會當地的風土與人情。

自然生態

在台灣的水利史上，竹東圳占有一席重要之地。早在日治時期，竹東圳即在地方士紳林春秀及地方人士的合力集資、奔走之下，聘請日本業技士建造，一九二八年峻工，是新竹重要的水利工程。

竹東圳圳路，起自上坪溪燥樹排攔河堰，進入軟橋里之後，經過十三座隧道、六座水路橋、三座地下連通管路（倒虹吸式工法）、兩座跌水工（緩衝水流區）及明暗渠等不同結構物，直至寶山水庫，總長約二十一公里，灌溉面積達八百公頃。

上坪溪，發源於雪山山脈，流經新竹縣五峰鄉、橫山鄉、竹東鎮，河長四十四公里，流域面積二百五十三平方公里。上坪溪，可謂竹東鎮的命脈：一來，竹東圳的水源便是來自這毫無汙染、水質又好的上坪溪水；二來，上坪溪水所沖刷出平原，有肥沃的黑砂土，亦孕育了良田美地。

位於竹東圳第一座隧道處的軟橋，小巧地依山傍水，可謂天生麗質。走一回軟橋登山步道，登頂至標高四百四十二公尺的水頭排山，林相蓊鬱，自然生態、植被豐富。上坪溪畔，十二公頃的農地，在天然間隔帶的保護下，純淨無汙染，以種植有機水稻聞名。而在日治時代，這裡還曾種植越光米，因品質極佳，是送回日本進獻給天皇的貢品。

竹東圳，不僅灌溉了良田，更造就了新竹科學園區，將台灣從工業升級至高科技產業。當年，半導體業落腳新竹科學園區，寶山水庫及寶山第二水庫所提供的豐沛水源是一大誘因。

我在導覽軟橋時，自然生態是一大重點，尤其是水利建設。所

沉砂池，將寶貴的水資源進一步淨化。

謂「飲水思源」，若沒有竹東圳，便沒有這一片優質水稻田，感謝上天賜予軟橋好山好水，感謝先人前瞻地建設了竹東圳。而且，「吃果子，拜樹頭。」我也會請大家拿出手機出來拜一拜，感謝竹東圳造就了新竹科學園區的半導體產業，大家才能享用一代超越一代、智慧不斷升級的手機。

頤禾園得以坐落在此，我很感恩、珍惜，也更責無旁貸去守護土地、水資源、及一切的自然生態。

深度體驗

過了竹東，再往山裡去，有很質樸的原住民文化，很適合「深入」體驗。

五峰鄉內有泰雅族和賽夏族。在這山靈地秀的深山中，氣候涼爽，可耕種、可狩獵，他們世世代代定居於此，已有千年以上的歷史，生活智慧與習俗早已與大自然合而為一。

泰雅族有很多傳統文化都極有特色。例如：紋面；無論男女，必須符合一定資格（如：男性必須有出草經驗、女性必須是織布高手），才能紋面，且因地區、部族而有不同的紋路。

泰雅族人的編織也很聞名，他們以苧麻織成麻布，布匹的紋路和色彩搭配都相當精美。而且，從種麻、曬麻、搓織、紡紗、絡紗、煮線、整經到織布，全都出自女性之手。

泰雅族的男性則擅於狩獵，每到秋冬時節，野生動物往低海拔處遷移，便是他們的狩獵季。

賽夏族的人口不多，但他們有一項祭典——巴斯達隘（pasta'ayan），又稱矮靈祭，十分有名。矮靈祭的儀式一定搭配著歌舞，六天五夜，以歌舞迎靈、娛靈、送靈，以敬畏的心，對矮靈懺悔，感謝並祈求矮靈庇佑。

五峰鄉清泉部落，是知名的溫泉地，日治時期，日本人即在此開發了「井上溫泉」；地靈人傑，這裡還有幾處很有名的景點，都與「人」有關。

一是張學良故居，這裡是張學良將軍與趙一荻小姐（趙四小姐）被幽禁了十三年歲月（一九四六年到一九五八年）的居所，目前已開發為張學良文化園區，收藏了許多張學良走過一世紀的史料。

另一個文青景點則是三毛故居，三毛於一九八四年曾經在清泉派出所對面租了一間紅磚老屋居住，她稱之為「夢屋」。

還有清泉天主堂，建於一九六〇年代，是當地泰雅族人與賽夏族人的信仰中心。一九七六年，來自美國加州的丁松青神父來到清泉，一手將這裡打造成融合了歐式建築與原住民文化的處所，既有彩色鑲嵌玻璃，也有原住民文化壁畫及木雕，是清泉最古老且最具藝術氣息的教堂。

Green 6

因善而美好

一隻鞋的善意

幾輛車子，一輛跟著一輛，行駛在蜿蜒的山路間，前方的路是崎嶇的，但車上的每一個人的心情是愉悅滿盈的。我們穿山越嶺的目的地，是新竹縣的後山——五峰鄉大隘部落及尖石鄉那羅部落，車子行李廂裡滿載著新鞋，是要給深山裡弱勢小朋友的新年禮物。

一晃眼，連續七年了。這些年來，一到接近過年的時候，我和「穀」東們都會很期待，他們甚至會主動問我，「哪一天要號召我們當一日志工，一起送鞋給山裡托兒所裡的孩子？」冬季的山裡，氣溫很低，空氣很冷，我們的心裡卻暖呼呼的。

一拿到新鞋，孩子既興奮又激動，迫不急待地打開鞋盒，又看又摸，卻捨不得穿到腳上，深怕踩髒了新鞋。一張張稚氣又天真的臉龐堆滿掩不住的笑容，他們緊緊抱著鞋盒，像是得到什麼珍奇寶物般地寶貝著。這樣的場景，每一次都深深打動我們每一個人的心，感動的淚水總是不自主地在眼眶裡打轉。「真心感謝孩子們，讓我們有送鞋來山裡的機會。」回程時，總有人這麼說。

我會開始送鞋，是在一次與尖石鄉丁立偉神父的閒談中得知，尖石山上小朋友有這樣的需要。新竹後山裡，資源匱乏，多是弱勢家庭，青壯的一輩到城裡打拚，而孩童則留在老家。這些小孩子，住在偏鄉僻壤，接受隔代教養，得到的資源和關愛都非常地有限。

「有人到山裡來看他們，孩子們都很高興，心裡會有被關注、寵愛的感覺。」那羅天主堂方濟托兒所的趙秀容修女跟我這麼說。趙秀容修女來自義大利，幾十年的人生歲月，無私無悔地奉獻給

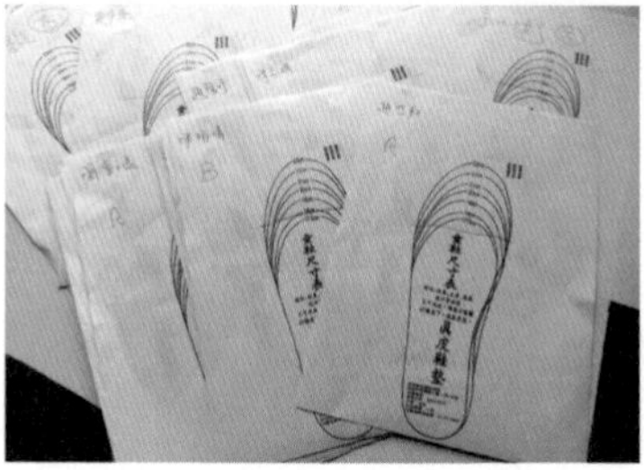

新竹縣竹東鎮天主教世光教養院拙茁家園的身心障礙青年也參與送鞋活動，自主決定買新鞋給其他需要的人。這就是善與緣的結合，形成生生不息的善愛循環。

小朋友需要的就一點點，我們能給的也就這一點點。衷心希望合腳的好鞋能保護他們的雙腳，讓他們的路可以走得更穩。

尖石這深山裡的孩子們，早先還得到國外去募款，這些年來終於樂見國內的善心和捐款進到這偏遠山區來。

二〇一一年，民國一百年，是我們第一次送鞋，最初目標是一百隻鞋，也就是五十雙。（後來追加到七十六雙，因為總共有七十六位小朋友。）五十雙鞋，一般感覺好像花不了多少錢，二、三萬元吧，但對於有機小農而言，就是一兩個月辛苦農活的收入。於是，我發起「吃好米，做好事，送好鞋」活動，每賣出一箱有機米就捐一隻鞋子，「消費者支持有機小農，有機小農幫助弱勢孩童」，形成善的循環，來支持綠的永續，孩童長大有能力時，再回饋給其他弱勢者。

「既然要做，就要做得到位。」為了送給小朋友合腳又合意的新鞋，我們帶著男童、女童各三款新鞋先上山一趟，一一幫每一位小朋友丈量尺寸，並讓他們選擇自己喜歡的款式，再根據小朋友的實際需要和喜好去採購新鞋。第二趟上山時，就號召更多的志工跟我們一起去，把新鞋親手交到孩子們的手上。

送鞋的這一天，孩子們一早就很雀躍，因為前一個星期已經量好尺寸、選好款式了，他們早已滿心期待著這一天的來臨。「謝謝叔叔、阿姨，謝謝你們！」孩子們回以無邪的笑容，融化了我們每一個人的心，那一刻，我們似乎也找回自己童年時的純真快樂，那種新年有新鞋穿的滿足。

「他們需要的就一點點，我們能給的也就這一點點。衷心希望好鞋能保護他們的腳，讓他們的路可以走得更穩。」也希望，他們會記住這份快樂，長大之後，或有能力之後，把這份善再傳出去，就可以有無限善的循環。

例如：我們曾經送鞋給新竹縣竹東鎮天主教世光教養院拙茁家園，之後並以手心翻轉計畫協助他們成立耕心農場，如今這裡的身心障礙青年已經有能力工作賺錢了，儘管薪資不多，他們仍志願參與我們的送鞋活動，自主決定買新鞋給其他需要的人。這就是善與緣的結合，形成生生不息的善的循環。

七年來，送鞋活動持續著，而且每一年都有更多人加入、送更多的鞋。今（二〇一七）年，我們還送鞋到海外，包括：越南、四川地震重災區高何鎮。未來，送鞋活動也會一直繼續，也期待有更多人一起來參與。

手心翻轉計畫

二〇一六年四月十五日。這一天，拙茁家園耕心農場有喜事。隆隆鼓聲，熱鬧非凡，慢飛天使們開心地舞著金龍，和來賓一起歡慶新建溫室的正式啟用。有了這六座溫室的助力，可謂如虎添翼，他們可以在更好的耕種環境裡進行有機栽植，農事困難度降低，生產效能大幅提升。

拙茁家園的手心翻轉計畫早在二〇一四年九月就開始執行了，為了更進一步減輕師生們照顧有機蔬菜的負擔，透過新竹矽谷扶輪社的協助，申請了扶輪社全球獎助金計畫，在台灣、加拿大、香港等地區扶輪社資金及國際扶輪基金會的共襄盛舉之下，募得新台幣一百六十五萬元，幫助拙茁家園耕心農場建置六座溫室，還包括：灑水棚架與管線、蔬菜預冷、農產包裝、育苗室等設備。

拙茁家園是新竹縣竹東鎮天主教世光教養院的附設機構，收容有二十九位十八歲以上的中重度智能障礙院生。院方原本就承租了一塊地，讓孩子們種菜，以園藝緩解他們的情緒障礙，並學習付出與責任。為了降低對捐款的依賴，拙茁家園主任王瓊如決定參與手心翻轉計畫，讓孩子從手心朝上接受幫助、接受贈與，到手心朝下播種而自食其力，當有能力時還能給予。

在老師的輔導照料之下，拙茁家園耕心農場漸見規模，目前已有八十多位會員，收入穩定，也能出一點力幫助其他弱勢者。二〇一七年，他們參與了送鞋活動，買新鞋送給有需要的小朋友。「生命影響生命」的善循環已經在此成功生成。

從二〇一四年至今，這一群慢飛天使一天天慢慢地成長並逐漸茁壯。播種、育苗、定植、拔草、澆水、採摘、包裝、配菜、送菜……各有人專長，各司其職，相互扶持。而且他們都有一項特質，就是很執著於工序，完全不懂得「偷吃步」，只知道要一步一步地「照起工做」，照顧好蔬菜的品質和安全。

從土地得到的正能量，讓他們的角色，從原本是被關照的對象，轉而會去關心其他的生命，只要氣候一有大的變化，他們就會立刻想到菜園裡的蔬菜：天晴，怕它們被曬死；颱風天，擔心它們被風雨摧毀。因為農務，得以親近自然、親近生命，對他們產生很大的療癒作用，不僅從被關懷者變成關懷者，懂得尊重生命、幫助生命，情緒也得到良好的控制，人際關係變化更大，會微笑、擊掌互動，已有九成以上院生不需仰賴藥物控制情緒。

蔬菜長得好、賣得好，換得收入，也讓他們有自信和尊嚴，覺得自己是有用的人。然後，他們更從接受（幫助）到學會付出（回饋社會）。二〇一三年起，我們每年固定贈送他們鞋子，二〇一六年，我告訴他們，「現在你們有能力賺錢了，那今年，叔叔只送你們（每一個人）一隻鞋子，另一隻由你們自己買。」對於自己有能力買鞋，他們都很高興，同年我們就把省下的費用買了十雙鞋轉送越南。二〇一七年，他們不僅有能力為自己買一雙鞋，同時投票決定參與送鞋計畫，買了五雙鞋，並跟著我們送到新竹縣尖石鄉那羅部落方濟托兒所與五峰鄉大隘部落聖心幼稚園。

「手心翻轉」的概念，始於二〇一〇年，新竹北區扶輪青年服務團帶了這一群慢飛天使來參訪頤禾園；那一天，我開放了一塊田讓孩子們體驗。一開始，他們都很害怕，不敢赤手赤腳碰觸泥土，志工們細心陪伴、大手拉小手，牽著他們走進田間，漸漸地，他們在田裡盡情地玩耍，動作或許遲緩，或許跌跌撞撞，但每一個人的表情都放開了，不見閉塞；大自然奇妙的療癒作用，實在不可言喻。

我也帶著他們體驗播種。拿起種子、放進土裡，這看似再簡單不過的動作，對於一些有重度障礙的孩童而言，卻是極高的難度；儘管他們無法控制肢體動作，我們還是想要幫助他們親自體驗，於是便將種子放到他們手心，協助他們把手一翻，完成播種。看到自己手中的種子落進土裡，孩子的臉上立刻浮現驚喜，有一種「我也可以做到」的成就感。手心翻轉計畫的發想，即是由此而來。

我在擘畫手心翻轉計畫時，除了構思以園藝療癒智能障礙者的情緒，同時也培養他們自力更生的技能，而後融入社會。因

從土地得到的正能量，對慢飛天使有很大的療癒作用，不僅從被關懷者變成關懷者，懂得尊重生命、幫助生命，人際關係變化更大，會微笑、擊掌互動，已有九成以上院生不需仰賴藥物控制情緒。

此，耕心農場要具備一定的規模，有產能、有穩定的收入，先能自助，然後助人，發揮生命影響生命的力量。狀況佳的院生，若因此習得謀生技能而能夠出去自立，便能再複製一座有機農場，達成「以善的循環幫助綠的永續」。

在拙茁家園的手心翻轉計畫中，我將頤禾園的營運經驗「整廠輸出」，一邊訓練老師和院生有機農事技能和商業管理知識，一邊募款、找地、籌設備、建溫室。回想當初，在幫拙茁家園的孩子們找尋有機農地時，還發生一段奇妙的境遇。那時，我們看上了一塊位於軟橋社區的有機農地，這塊地正巧屬於我們熟識的一位長輩彭金聲先生所有，只是不幸地，在我們想洽租之前，這位長輩卻往生了，我和太太便去他的靈堂上香、擲筊，請求他把農地租給拙茁家園作耕心農場，而他也回以「聖杯」表示同意。於是，拙茁家園才順利租下這占地一分多的有機農地。

募款過程中，有幸得到來自各方的支援。二〇一五年，中興大學與中華道教總會合作發起國內外青年環島騎車募款活動，來自泰國、馬來西亞、捷克、葡萄牙和德國的青年，環台騎行一千二百公里，一人一公里一美元，募得款項捐給拙茁家園。新竹矽谷扶輪社亦協調友社及海外扶輪社和美國總部，並申請扶輪社全球獎助金計畫，募得新台幣一百六十五萬元，資助拙茁家園的手心翻轉計畫。

拙茁家園耕心農場營運至今，也啟發了一些人。例如：二〇一六年，一位來自山西省的張連水董事長，在參訪了頤禾園和拙茁家園耕心農場之後，對於特殊孩子竟能表現得如此開朗、有自信，他深受感動，立即啟動了複製的主意，一回到山西，便開始籌畫成立雲丘山社會福利基金會，並在短時間內接連派了高階主管來頤禾園見習。

迄今，兩岸計有四項手心翻轉計畫在進行中：在台灣有新竹縣竹東鎮拙茁家園和桃園市龍潭區美好基金會，在大陸有四川省邛崍市高何鎮特殊教育手心翻轉計畫和山西省臨汾市鄉寧縣雲丘山的精準扶貧手心翻轉計畫。

和一般孩子一樣，慢飛天使們也需要受到肯定的感覺，肯定自己是有能力、有用的人，而有尊嚴和自信。下一步，我希望，有一天可以帶拙茁家園的孩子們去大陸希望農場，見見其他參與手心翻轉計畫的孩子，也是給他們一個動機，學習存錢、學習花錢（買機票），圓一個走出台灣、看世界的夢。

善的社會縮影

從事友善土地的有機耕作之後，學著順應天地、自然，與作物、牲畜、鳥蟲和平共處，相互協助、共同成長，我漸漸體會出，農場其實就是一個「善」的社會縮影。我想，拙茁家園的無邪孩子們可以從有機農場中得到療癒的力量，「善」是主因。

我相信，生命會影響生命。今天，我友善土地、淨化環境，得到客戶的認同與支持，進而採購我的蔬果或參加我所設計的活動，讓我的農場可以存續、營運，而且有餘力再去幫其他需要幫助的人，例如：偏鄉托兒所的弱勢小朋友、拙茁家園的智能障礙孩子，甚至四川高何、山西雲丘山的在地村民和特殊孩子。未來，這些曾經接受幫助的孩子長大或有能力之後，也會再把「善」傳遞出去，善的循環便能一直擴大，社會也能因善而更美好。

無論是送新鞋到偏鄉或手心翻轉計畫，我都希望是以一種良善循環的方式持續進行，每一年都做，持續地做，為了達成這份社會責任，儘管頤禾園並不是什麼大企業，但我堅持每年都提撥百分之十的盈餘去從事「善」的志業，發揮「生命影響生命」的力量。

以拙茁家園的手心翻轉計畫為例，執行至今，孩子們純真的笑顏和自信的舉止，已經感動了許多來訪的各國人士，他們對於這樣的扶助弱勢模式很動心，我也很樂意協助他們，甚至也可以將頤禾園模式「整廠輸出」，只要因地制宜，進行一些修正，即可完成複製。將手心翻轉計畫模組化並不難，所有的技術問題都是可以被克服、解決的，重要的是人，主其事者必須是發自內心的「善」，唯有如此才能處處為他人設想，主動讓利、真心服務，整個計畫才得以永續。

尤其，關懷社會、扶助弱勢這樣的希望工程，自始至終都不應悖離「善」的核心精神。我很高興，這幾年來，接觸到不少從世界各地來的有心人，他們想要付出、奉獻一己之力，只是苦於不知從何著手，直到看到拙茁家園的手心翻轉計畫，他們又再度燃起心中熊熊烈火。比如：複製到山西省臨汾市鄉寧縣雲丘山的手心翻轉計畫，從首度考察到正式推動，只花不到半年時間，而今已經漸上軌道。

依手心翻轉計畫而成立的希望（或愛心、耕心）農場，基本上是以類似社會企業（註）的方式在營運，不只有輔導學員如何種植有機蔬菜，本身也有商業行為存在，用意是讓整個計畫可以有一定程度的自給自足能力，不必完全仰賴補助或捐款，以防萬一補助中斷或捐款不濟，同時也希望可以有盈餘再去幫助其他的弱勢者，真正達到手心翻轉的目的，形成善的循環。

所以，在希望農場裡的孩子，其實也像企業員工一樣，是領有薪資的，一來培養他們對金錢和用錢的概念，也可幫助他們早日有能力回到社會、融入社會、回饋社會。未來，若有孩子足以自立，或許也能再複製另一座希望農場。一再地複製「善」、複製「希望」，「善」與「綠」即達到永續發展。

註：「社會企業」（Social Enterprise），泛指建立一個商業模式以解決社會或環境問題的組織。組織以營利公司或非營利組織型態存在，並具有營收與盈餘；盈餘再投入社會企業本身，繼續解決社會或環境問題。

Green **7**

綠善到對岸

計畫一 綠

有機農業：綠手指微型創業暨培訓計畫

計畫二 善

手心翻轉：特殊教育與精準扶貧計畫

四川省邛崍市高何鎮

二〇一六年四月二十一日，我應瑞雲集團之邀在四川省邛崍市高何鎮輔導的「綠手指微型創業計畫」正式啟動，第一組團計有五位當地農民參與。這個計畫推廣的是，以家庭為核心的小農經濟，培養綠手指種子成員，輔導他們捨棄有害的慣行農法，改從事友善環境的有機栽培，進而提升農民所得，翻轉傳統農村樣貌。

邛崍市是四二〇四川雅安地震的重災區之一。災後的邛崍市高何鎮，道路寸斷，重建工程係由瑞雲集團所負責。瑞雲集團前進災區之後，發現高何鎮風景秀麗，適合發展養生休閒產業，以振興當地經濟，於是便在台商的牽線之下，前來台灣觀摩、取經，他們的參訪行程，除了參觀台灣的休閒產業，也來到頤禾園。當然，我也帶他們去看了拙茁家園耕心農場的孩子們。

我援引歐洲鄉村風情為例，提點出鄉村發展的重要性。在歐洲，鄉村發展是屬於農業發展的一環，小鎮獨特的鄉村景觀，既是農產地，亦是休閒度假區。因此，歐洲的鄉村向來是各國農村規劃的典範。因地制宜，合宜地運用鄉村環境資源，自可開創出獨樹一格的新農村，例如：頤禾園和軟橋，現在也正走向結合自然生態、農業生產、休閒生活、有機農作體驗等多功能的新型態農村。

尤其，瑞雲集團想開發的養生休閒度假村，除了清淨宜人的環境，健康的食材和料理更是不可少，更需要有淨化的土地和水，栽植有機食材。因此，先由有機農業的綠計畫開始推動。

在我看來，開發高何鎮這樣一個窮鄉僻壤，若只是沿用以往的招商引資作法，不僅難見實效，反而是把農地變工地，以工業模式生產農作，農民變成生產作物的工人，每個人只會做某一環節，若干年之後，即使有真正農民想復耕，也無地可耕了，最後，農村還是死路一條。

所謂綠手指微型創業，就是農民自己出一點點錢，我傳授有機農業的專業技能知識（know-how），也在瑞雲集團的協助下創建有機農場，再以創新的管理模式經營農場。因為，自己有出資金，是自己的事業，做起來就會更上心、更認真，一旦真做起來了，有翻身的機會，周遭的家人、親戚就更樂意進來幫忙。我培訓綠手指，綠手指再一個帶一個，就能漸漸地振興農村，讓農地不再荒蕪或變成工地。有收入，有飯吃，原本出走到城市打工的年輕人就會回鄉，畢竟沒有人想和家人、妻小分隔兩地。

所以，我建議，如果真的想成功開發高何鎮為一個養生休閒度假村，一定要用「綠」的力量去點亮這個傳統農村。尤其，打著養生的旗號，安全的食材、健康的料理是最基本的。

我記得，二〇一六年八月到高何鎮時，也帶了快速農藥毒物殘留檢測設備過去，以科學方式進行檢測，讓他們對農藥和毒有感覺。數據會說話，即使是農民種來自己吃的蔬菜，甚至市場、餐廳的蔬菜不合格率高達百分之七十，其中超標嚴重（完全不能吃）更高達百分之五十。看到數據結果，他們自己也都嚇到了，更萬萬沒想到，怎麼連自種自吃的蔬菜都那麼毒。

我告訴他們，因為之前農藥、除草劑下得重，土壤裡的毒害自然也重，為今之計，就是不要再使用化學藥劑了，改採友善土地的有機農法耕作，才能產出健康、無毒、安全的作物。一位參與綠手指微型創業的阿霞，開始耕種不噴農藥、不用化肥、激素的作物，雖然農事多又費工，但是至少吃的安心、環境也得以保護，價值就這樣種出來了。

然後，以綠色（有機）的環境再去開創附加價值，連動周邊產業，如：文化、生態、旅遊……有朝一日，當高何鎮成為大家想來休閒度假的選擇，農村改造也就成功了。

接者，我啟動了第二個計畫與「善」結合的特殊教育的手心翻轉計畫，以善的循環幫助綠的永續。於是我們在瑞雲集團周國華先生的引薦與陪同下，拜訪了鄰近的高何、火井幾個學校，也走訪了邛崍市博愛學校，了解到這裡有很多智能障礙和聾啞孩子。這些特殊孩子，一結束學校裡的義務教育，便無處可去，更不可能有就業機會，就只能回家曬太陽（無所事事）。所以，在成都扶輪社、新竹矽谷扶輪社的協助之下，募到了人民幣六十多萬元準備啟動手心翻轉——邛崍市博愛學校特殊孩子有機農場計畫，將拙茁家園耕心農場模式複製過來，幫助這裡的特殊孩子自助、自立。

王有霞：天上掉下來的機會

我是天府紅谷康禾農耕公司有機農場的在地創業小農王有霞，參與的是綠手指微型創業計畫。二〇一六年的三月，我在天府紅谷耕讀桃源遇到陳禮龍老師，這是我人生的轉捩點。

在此之前，我做過小工、保潔員，尤其是當保潔員的期間，每日執行重複性極高的工作，讓我感覺鬱悶、沒有發展空間，正思忖著是不是要跳槽之時，得知天府紅谷計畫興建有機農場，我的心裡就萌動了起來。我是喜歡農業的，對我而言，這是天上掉下來的好機會，我一定要牢牢抓住，儘管我完全不知道怎麼栽種有機作物。

就我的認知，有機蔬果是健康營養的食品。在經濟發達的現代，市場上的蔬菜五穀雜糧卻沒一樣是信得過的，實在可悲。所以，我想學會種植有機蔬果，起碼我和我的家人、下一代能夠得到健康。於是，不顧親朋好友的反對，我辭了保潔員的工作，在二〇一六年的六月，來到有機農場，接受陳老師的培訓。

康禾農耕公司的營運模式是，培訓當地小農從事有機耕種，扶持我們自主創業，發展社區支持型農業，第一期的綠手指包括：我、周國華、高在瓊、王洪惠、楊勇。就這樣，我們開啟了自然農法、結合善與綠的生涯；目標是：用自然農法將高何鎮打造成一片綠色有機農地，再透過我們綠手指的傳遞，帶動周邊農家一同致富。

經由陳老師的指導，我們了解到，有機農業最重要的理念就是友善土地，在耕種過程中全程不得使用化學合成劑，包括：除草劑、農藥、化學肥料、生長劑等，而是運用生物、人力等天然的方式來預防病蟲害。

更令我感動的是，為了以善的循環來幫助綠的永續，推動手心翻轉計畫，邛崍市的身心障礙及聾啞孩子，也在陳老師的用心奔走之下，得到國際扶輪社全球獎助金的資助，募得人民幣六十多萬元，興建一座愛心農場，作為園藝治療及有機種植訓練的基地。

和大多數人一樣，我對有機農業的認識是極淺薄的，跟著陳老師學習了幾個月，我才了解到，什麼是善與綠的循環，以及食農教育、環境保護、食品安全的重要性。

我認為，從長遠看，有機農產品的市場前景是非常樂觀的。當然，目前而言，因為有機蔬果的價位比一般蔬果高好幾倍，還無法普遍端上大眾餐桌；但是，我堅信，總有一天，隨著有機農產理念的推廣，大多數人的觀念會有所改變。

萬事起頭難。為了把這片土地打造成綠色的有機田地，為了維護環境和食品安全，為了讓更多人的餐桌上有我們綠手指種出來的有機、健康蔬菜，每一天，我們面朝黃土、背朝天，日出而做、日暮而歸，辛苦但有目標的前進。

我要特別感謝陳老師，是他教會了我們種植有機作物，而且通過善與緣，我更學會了做人做事的基本道理。縱使再辛苦，我都一定會堅持下去，一定不會辜負陳老師對我們的期望。

王有霞

山西省臨汾市鄉寧縣雲丘山

山西省臨汾市鄉寧縣雲丘山，是一個國家級的旅遊風景區。景區的負責人張連水先生，原本是一位身價數億的煤老闆，半生挖煤、煉焦，賺到了身價，卻破壞地表、製造空氣汙染。內心深感愧疚的他，後來決意退出煤產業，積極轉進旅遊業，將雲丘山打造成一個生態、休閒、旅遊城鎮，並協助當地居民擺脫貧困。

二〇一六年十一月，張連水先生來台灣考察，透過一位友人的引薦而來到頤禾園。對於軟橋這裡的創新農業發展型態，他印象深刻；然而，更令他動容的是，拙茁家園耕心農場的手心翻轉計畫。看到拙茁家園的孩子，那開朗的表情、舉止，和在農場裡的表現，他感動之餘，同時也動心起念，立刻決定也要在雲丘山啟動手心翻轉計畫，幫助那裡的鄉親脫離貧困，自助、自立而後助人。

張連水先生的行動力非常強。十一月考察完，一回到山西，便立即展開籌備會議，十二月，他又親自指派一批一級主管來竹東，再一次實地觀摩有機農業產業和拙茁家園耕心農場。十二月底，即敲定執行綠種子培訓計畫；隔（二〇一七）年二月召募附近村民先進行綠種子培訓計畫，四月，籌備成立雲丘山社會福利基金會，以社會企業推動正式推動手心翻轉計畫。

雲丘山，自古就有「天下美」的盛名，這些年來，在張連水先生的帶動下，更是全力發展旅遊。然而，為了讓當地旅遊更有特色，他也想結合其他在地的產業，例如：此間非常重要的農業，以打造一個休閒農業區，讓雲丘山不只以好山好水聞名，更能以生態農業打開另一個好名氣。

談到雲丘山的農業，這裡正好有一個跟農業有關的國家級非遺產節慶——三月的「中和節」，據說是從唐代流傳至今，重點儀式包括：「祭天」、「傳統農耕」，主要是祈求風調雨順、豐年安樂。二〇一七年三月中旬的中和節祭典，張連水先生更因親自上陣演出古時皇帝躬耕情景，而一時聲名大噪。

對於我而言，無論到哪裡，我的初衷都沒變，一定要結合「綠」與「善」，以善的循環來幫助綠的永續。所以，我提出的希望工程計畫包含兩項子計畫：一，「綠」，有機農業的綠種子培訓計畫；二，「善」，精準扶貧的手心翻轉計畫。

我認為，既然要做休閒農業，不作他想，就只能做有機農業，環保、生態、健康、安全、養生。同時，還要立志做小，培訓綠種子，以小農家模式營運有機農場，並一再複製，這樣才能幫得上當地的村民。把有機農業做起來了，再與在地其他產業結合，形成新創有機農村產業鏈。換言之，先把綠色生活的基礎打好，再開創綠色產業及綠色休閒，最後讓前來雲丘山的遊客產生綠色消費，綠色經濟的特色就做出來了。

在善的方面，臨汾市附近的特殊孩子，從小學到初中都收容在特殊教育學校裡，雲丘山手心翻轉計畫開始實施後，便收容了幾位特教學校孩子與村裡的特殊孩子，開始有機栽培的相關培訓課程。這些孩子平日都在學校或村子裡，沒有跟外界接觸的機會，這是他們第一次出來接受學校以外的老師授課。其中，有一個孩子是腦性麻痺者，他們的腦子其實很好，只是肢體無法協調，而失去了融入社會的機會。

我的理念還是一樣，只要他們有能力，就要讓他們自己做，不必時時刻刻扶著他們，必須得適時放手，訓練他們自立自強，並教導他們有施才有得；終極目標是，讓他們可以回饋家庭、回到社會，像正常人一般地生活。

張楠：我找到了屬於我的地方

我是張楠，今年二十七歲，家住山西省臨汾市襄汾縣，爸爸是教師，媽媽是下崗工人，弟弟正在上大學。

一九九〇年十月二十二日，我，出生了，但沒有哭，嚇壞了眾人，歷經緊急搶救，小生命總算保住了；但到了三個月，該會翻身的時候，我不會翻身；六個月，該會坐了，我也不會坐，全身軟得像是沒骨頭一樣。經過一連串的檢查，確定為輕度腦癱。然後，我住進了太原兒童醫院，受盡了煎熬、苦難，醫藥費高得嚇人，而且還沒有床位；但是，我的爸媽並沒有放棄我，他們不言苦累，只視我為他們的一切。

在那個可以想見的窮困年代，全家僅靠著爸爸每月掙的一百多元過活，而給我打一針腦活素，就去掉爸爸半個多月的工資，因而也才二十幾歲的他們，儘管正直青春，可卻已顯得蒼老。負債，加上我的病情未有轉機，迫於情勢，他們只好把我接回家療養。幾年後，弟弟出生，他十分健康，也給家裡人帶來了新的希望。

因為我身體的殘缺，也生怕我在學校受到同學的欺負，再加上爸媽忙於賺錢還債，只能把我留給鄉下的爺爺奶奶照顧。八、九歲時，我勉強去上了農村的小學；小學結束，爺爺奶奶仍是怕我被其他小孩欺負而捨不得我去上初中，我便沒再去過學校。就這樣，無所事事的，我跟著爺爺、奶奶一起住了二十幾年。

然而，偶然的一次機會，轉變了我的人生。那一天，一位鄰居叔叔到家裡做客，無意中和爸爸談起了我……這位叔叔是襄汾聾啞學校張彥民校長，他跟爸爸提到，有一個雲丘山風景區（公司）正在開展一項扶貧計畫，教導身心障礙人士種植有機蔬菜。於是，就在二〇一七年的四月十一日，我來到了雲丘山，也找到了屬於我的地方。

兩個多月來，在計畫顧問陳老師的指導下，我不僅學會了種植有機蔬菜，在勞動和收成中獲得了快樂，還了解到如何面對問題、解決問題。我由衷感謝雲丘山風景區提供了這樣一個計畫和機會，協助我學習、成長，養成自力更生的能力，還讓我感受到如同家一般的溫暖。過程中，很艱辛，也遇到困難和惆悵，但為了想靠自己的勞動和雙手去創造未來，我一再堅持，努力不懈地向著目標前進。

我很清楚，未來的路得靠自己一步一步向前走，遇到什麼難題，都要自己想方設法克服。現在的我，還不是那麼確定我的未來，但如果我可以有能力，我願意再去幫助其他需要幫助的弱勢。

陳老師，從第一次相見，您就是那樣的和藹可親，您對我的好和鼓勵，我會永遠記在心上。因為，遇到您，我才能變得堅強；因為，有您，我才會變得樂觀和開朗。是您，教導我如何活出價值；是您，告訴我，我不是社會的累贅與負擔。從您那兒，我學會了種植有機蔬菜的一技之長，還生出了面對困境的勇氣和毅力。感謝您，讓我有勇氣做回我自己。我一定會好好珍惜今生與您相遇的福氣。謝謝您。

張楠

Green 8

擁抱世界

絡繹於途的國際交流

「Green」（綠色，有機，生態，環保），已經是國際共通語言。全人類所賴以生存的地球，只有一個，如果我們不自救，最終就是一起走向毀滅。淨化地球，刻不容緩。農夫，可以從友善環境的栽植做起；非農夫的你，也可以從支持友善環境的農夫做起。

以友善環境的有機栽植來連結國際，是一開始就有的規劃。我總希望，這一點一點的「綠」，不只點亮自己的家鄉，還能無限擴展。我一個人的步伐有限，絕對不足以踏遍全世界的農村，但是可以藉由與國際友人的交流，到世界各地去播下綠色的種子。

頤禾園成立至今，經由 AIESEC 國際經濟商管學生會的協助，已經接待過來自全球五大洲、超過四十個國家與地區的數百名國際友人，無論是以旅遊、觀摩、交流、體驗或實習等各種型態，我都竭誠歡迎，也願意毫無保留、竭盡所能地傾囊相授。我的目標很單純，就是要將傳統的農村與國際連結，讓國際友人親身感受台灣農村之美與精緻農業，學習中華文化、客家文化，再透過他們的實際感受，將友善環境的心意傳遞到世界各地，彼此相互學習、共同成長。

這些年來，我們辦過無數場的國際農村體驗營、國際青年農事體驗營、國際輕旅行接待等，也因此奠定頤禾園品牌的國際知名度。透過提供全方位的農村生活、農事體驗，及有機農作研習、生態導覽、自然資源保護教育、原鄉部落農業行銷等，建立友善環境與惜福感恩的觀念，響應縮短食物里程的在地消費理念。

前面章節裡提到的國際有機農村體驗營（IFFC, International

Fun Farming Camp），是頤禾園的一大特色，以做中玩、玩中學習與體驗的形式，推廣環境教育與食農教育；全英語的語言環境，更附加了語言學習與國際交流的價值。而這些來參與國際有機農村體驗營的國際志工，絕大多數不僅認同頤禾園友善環境的理念，回到居住國之後也身體力行地實踐並推動綠色生活，也是另一種型態的綠色種子、綠色力量。

除了眾多來自：中國、香港、日本、泰國、馬來西亞、印尼、柬埔寨、菲律賓、澳洲、俄羅斯、哈薩克、捷克、德國、葡萄牙、瑞士、加拿大、美國、巴西……等國家或地區的青年友人、志工外，也有許多參訪團前來進行交流，如：日本農法大學校長、國際有機農業技術交流會、瑞士草根大使、菲律賓草根大使、韓國草根大使、台日低碳社區交流、日本農業團、大陸湖北武當山道家訪問團、國際扶輪社青年服務團……等等。

絡繹不絕的國際交流，顯示友善環境的理念已經逐漸在全球各地扎根，我也期待，不久的未來，即可看到這些綠色種子各自成長、茁壯、開枝散葉，發揮他們的力量，再去感染更多的人，一起盡「善」盡「綠」。

AIESEC 小檔案

AIESEC（Association Internationale des Étudiants en Sciences Économiques et Commerciales），國際經濟商管學生會，成立於一九四八年，是一個非政治、非營利性的國際組織，為聯合國教科文組織（The United Nations Educational, Scientific and Cultural Organization ，UNESCO）所認定，總部設於荷蘭鹿特丹。

AIESEC 是一個協助青年開發領導力的國際平台，透過全球志工（Global Volunteer，GV）計畫、全球實習（Global Talent，GT）計畫，協助青年前往海外接受挑戰，以培養跨文化理解、自我覺察、世界公民意識、問題解決及激勵他人等領導特質。

資料來源：整理自 AIESEC 國際與台灣官網

BRAZIL!

SWJTU

我一個人的步伐有限，絕對不足以踏遍全世界的農村，但是可以藉由與國際友人的交流，到世界各地去播下綠色的種子。

國際志工
亞洲篇

Jing Ning Ko

我是Jing Ning Ko，現年二十五歲，來自馬來西亞，目前是英國諾丁罕大學（University of Nottingham, UK）藥學院的研究生。

五年前，我做了一個決定，趁我進入大學生涯之前，要出去看一看世界，做一些不一樣的事，於是我便透過AIESEC報名了一個志工計畫中的全球社區發展專案（Global Community Development Program，GCDP），經過了幾次雲端面談，我取得了「新竹米粉與貢丸專案」（Hsinchu Rice Noodle and Meatball

Project）的實習機會。那時候的我並不知道，這將會是扭轉我人生的一個重大決定。

我抵達台灣的第一個晚上，認識了來自德國的Christina，她正在參與一個有機農場專案。隔天，因為我的實習專案還未開始，我便跟著Christina一起到有機農場。幾天下來，我竟發現我很喜歡待在有機農場，結果便很自然地轉變為有機農場的實習生，而且一待就是三個月。

每一天，我們都得很早起床，並在上工前吃完早餐。一開始，確實有些工作教我厭煩，更何我這種長時間待在教室裡的女孩，根本從來不曾在烈日下工作過。不過，沒過多久，我卻發現自己可以樂在其中。我們很努力地工作，也很努力地找樂子，像是中場休息時，我們會釣釣魚、唱個歌，或是坐在河邊享受一杯香醇的咖啡。說實在話，我幾乎想不出來有什麼沮喪的時刻；我甚至會說，那三個月是我人生中最快樂的時光。當你被大自然、和善的人們及動物所圍繞，你怎麼可能不感到快樂呢？三個月的農場生活，我所得到的是純粹的愉悅和滿足。

當然，我也學到很多有機農業的知識和技能，例如：會栽植有機蔬菜和照顧動物。我更相信，從事有機農業才能確保農業永續。有句諺語說：「地球，並不是我們從前人手上繼承來的，而是向未來的孩子們借的。」（We don't inherit the Earth from our ancestors, we borrow it from our children.）真的，人類的生活與環境、生態息息相關，我們有義務為下一代保育土地。

在馬來西亞，已經有有機食品的概念，也有愈來愈多人重視食品安全與環保。然而，相較於台灣和一些國家，馬來西亞的有機農場仍是少數，有機農業發展還有很長一段路要走，例如：與有機農業相關的法規制定和培訓。儘管如此，我仍相信，馬來西亞是有潛力發展有機產業的。

回首過往，對我而言，那絕對是一段非常重要的經驗。或許聽來有些陳腔濫調，我還是要說，那一趟台灣之旅，改變了我的人生，讓我感到前所未有的充實。我不僅認識了有機農業、台灣文化和人們，還交到了一些摯友。

我想對陳老師和俐芳阿姨說：謝謝你們帶給我那麼多又豐富的體驗。我真的非常感恩你們為我所做的一切，也會把所有美好的回憶永留心裡。

李燕婷

我是頤禾園有機農場的村姑一號——李燕婷，來自馬來西亞，目前居住於英國，是一名藥劑師。

透過大學 AIESEC，到頤禾園實習，轉眼已經是四年前的事了。

還記得，第一天實習，收工回家後，立即累斃睡死；還有之後，那天天與太陽競賽的日子，為了保持蔬菜的鮮度，必須趕在太陽出來以前完成的採收工作……天未亮就上工的艱辛，並未教我洩氣，反而讓我想學更多，尤其是陳老師和俐芳阿姨的那份堅持。

有了在頤禾園的實習經驗，我了解到，「有機」絕對不是隨便加在「農業」前面的兩個字那麼簡單；比一般的慣行農法，有機農法所下的功夫可能要多上不止十倍，而售出的價錢卻只多一、兩倍；不畏辛苦的做有機農業，為的就是一個理念——吃健康。

一般的農耕，基本上就是播種、澆水、撒農藥、澆水跟收割；這樣的蔬菜，吃得愈多，吃進體內的農藥也愈多。有機農業，少了施用農藥和化學肥料的步驟，卻因而多了許多小細節。養土沃田、溫度調控、蟲害解決方案等知識，都是在有機農耕裡少不了的。就那麼多嗎？當然不止。我在帶營隊時，還幫學員介紹了水的源頭、耕土比例等的故事呢！回想起來，那時在農場裡的工作還真多，可學到的知識也不少！正因如此，想家的心情就先擱一旁，日日繼續奮鬥！

我認為，「化學農業」是隨著人類的故作接受而取代了原始的農業，才讓我們又回頭強調「有機農業」。試想，最早期的農業，根本就沒有農藥這種成分啊。社會變遷的影響，讓大家漸漸忘了健康飲食，欣然接受便利，反正有農藥的蔬菜也是蔬菜。感謝農場專案讓我有珍貴的體驗、新的領悟。此外，書本上介紹的農夫都被膚淺化了；經過這次實習，我真切體悟到，每一職業都有其精華和專業，都應該被尊重和敬佩，只是我們常常都不懂得感恩隨手可得的東西。

那一段日子，也是我第一次完完全全回歸大自然！很清淨的環境，還有小乖——我的俏皮羊朋友與我作伴。最怕的東西，莫過於雞，特別是第一次被派去撿鷄蛋，我簡直是嚇壞了。另一個難忘的回憶就是颱風來襲；馬來西亞是一個沒有天災的國家，所以那是我人生中的第一次颱風經歷，全然的不知所措。那次颱風重創了農場，溫室被掀開、菜園被摧毀、工作雞不見、水壩也受創了；但在大家的通力合作下，一起慢慢地讓農場回到原本的軌道。在那身心俱疲之時，最溫暖的莫過於叔公的家常便飯。大廚、高手原來藏身於軟橋這小小客家村，難怪，我發胖了！

農耕專案和營隊專案告一段落之後，陳老師看我一副很想騎車的愛玩樣，推薦我參加了 END POLIO 騎車環島專案。大隊出發三天後，我才加入的，正好就是騎程最長的一天，騎了將近十二個小時。感謝隊友們的體諒，提議我騎一半里程即可，但我還是想圓滿參加這個專案的用意，為募款出一份力，於是咬緊牙關堅持，還真的讓我達成目標。附加收穫是，台灣的海岸線真美！

最後，想跟陳老師說：以上句句真言！我真的很敬佩陳老師和俐芳阿姨那份堅持的信念。也謝謝你們教了我很多，讓我有機會體驗不一樣的生活。那段時光是我生命中的寶貴回憶。

此時此刻，好想吃陳老師種的米喔，白白圓圓肥肥香香的……啊，我想念台灣了！

MUNKHTUYA DAVAAJAV

我是MUNKHTUYA DAVAAJAV，來自蒙古，現年二十七歲，目前就讀國立成功大學自然災害減災及管理國際碩士學位學程。

二〇一六年的暑假，因為一場美麗的意外，我來到頤禾園參與國際有機農村體驗營（IFFC, International Fun Farming Camp），以志工身分在營隊裡擔任領隊。對這個營隊感興趣並報名的人，是我的同學，也來自蒙古；如果不是她臨時無法前來，我便沒有這個機會代替她，我真是太幸運了。可以在有機農場裡，與台灣及其他國際學生交流，認識台灣文化，體驗台灣特有的農村生活，是多麼迷人的經驗啊。

那個暑假，共有來自甘比亞、馬來西亞、蒙古、菲律賓及突尼西亞等五國的國際志工，我們一起在新竹的一處小小的、快樂的農場，創造了人生中難以忘懷的台灣回憶。在兩個月的時間裡，我帶了四個梯次的營隊，大約六十位台灣中小學生，經由多樣又有趣的農村體驗課程，與他們積極互動，並從中教學相長，同時也建立了許多友誼。對我而言，是一次全新的人生經歷。

每一梯次的營隊，為期四天，每一天都有新的任務和新的探險。我的第一個任務是，要記住所有我隊上學員的名字；直呼名字，比較容易拉近彼此距離，很快就能打成一片。在四天的營隊生活中，我們就像是一家人，身為領隊的我，必須擔負起全天候照顧他們的責任。

和學員的團隊合作，是一大挑戰，也是最棒的經驗。在每一場活動中，我們齊力貢獻團隊，他們敬我為領隊，和我一起成長，我的一言一行都必須是他們的好榜樣。連續三次梯隊，我所帶領的團隊都贏得了「最佳團體」獎。在那些令人感動的時刻裡，我看到學員們個個盡其在我、樂在其中，真教人窩心。

有機農場裡的每一項體驗活動，都教大小朋友們大開眼界：原來，我們日常餐桌上的食物是這樣來的，農業是集那麼多人的辛勞所成；更重要是，有機農產不僅有益健康，有機生活更是一種愉悅的生活型態。

我要對陳老師致上我最真摯的敬意與感謝。他在有機農業上的優秀貢獻，及舉辦國際有機農村體驗營的良善立意，都是那麼地令人尊崇。「祝福你！」

左起：德國 Christina、菲律賓 Arean、馬來西亞 Jingning、美國 Hansang

來自台灣各地 10～16 歲的學員，經過四天的 IFFC 國際有機農村體驗營活動，
由來自蒙古的營隊長 MUNKHTUYA DAVAAJAV（後排右五）頒發結業證書。

國際志工 歐洲篇

Christina

我是 Christina，中文名字叫郝珊珊，來自德國，目前在德國卡爾斯魯爾（Karlsruhe）就讀大學，主修工業工程。我向來極為重視永續，因此這也成為我申請全球實習的評估重點。當我在大學中文課裡與一位朋友聊及此事，他跟我提到了台灣，並建議我到台灣來。我在 AIESEC 找到了台灣生態農場的實習專案，一個月後，我抵達了台灣。才開始沒幾天，就驚奇連連，每一件事都是前所未有的新奇。

我還記得，第一天，Mike 帶我去一家餐廳吃豆乾、藻類和一堆

我活到這麼大都沒見過的東西。在農場裡，陳老師和阿姨待我如家人般。整個實習期間，我學到如何管理一座農場及台灣的商業運轉機制，還學會了騎摩拖車、捕魚、播種和耕種、抓落跑的雞……某一天，來了許多人，大家都站到田裡插秧，真是令人難忘的時刻。

記憶猶新的是，我曾在一大早去市場買東西，隔幾天再去，市場裡的人竟叫得出我的中文名——珊珊。還有一天，一些有身心障礙的孩子來參訪農場，我們志工也要幫忙接待。剛開始，我很忐忑不安，我從來沒有跟身心障礙孩子相處的經驗，深怕自己會出錯或是做得不好，但其實是我想太多了。那一天，我可以感受到他們發自內心的快樂與興奮，也覺得有機農務有助於療癒他們。而他們也教了我，如何感恩和謙卑。他們更深深啟發了我，做為一個人，最重要的是心，而不是外表和外在的成就。看到他們是如此的快樂和心存感恩，我想這就是有機生活型態的精神，無私地奉獻愛與關懷，同時也尊重大自然與下一代。

當然，我也學到許多有機耕種的知識與技能，像是沃土、蟲害管理等。我也還記得田邊抓蟲法，完全不需要倚靠化學殺蟲劑，就能阻擋蟲蟲大軍，讓牠們沒有機會去危害作物，而土壤與水源也不會受到化學汙染。

在德國，有機農場散布各地，約有百分之六的農地是採有機耕種。我們能買到有機棉做的衣物，有機食品更已蔚為趨勢，也有專售有機食物的超級市場；畢竟，不含殺蟲劑的蔬菜能夠保存更多的營養。

我想跟陳老師和俐芳阿姨說，感謝你們給了我這段如此驚喜的時光。我學到了好多，不光是有機產業，還包括人格養成。回到德國之後，我還是會跟在地的有機農場買菜，我同時參與了一項研究計畫，研究土壤裡的細菌在有機農場所扮演的角色。是你們教導我的一切，形塑了我現在的人生。謝謝你們！

Tiago Santos

我是Tiago Santos，現年二十四歲，來自葡萄牙的一個小島——馬德拉島（Madeira Island），島上的氣候與自然景觀總教我想起台灣。

我的學業是在葡萄牙本土完成的，主修犯罪學。就學期間，我為了豐富自己的人生經歷而接觸到AIESEC，那時候的我萬萬沒想到，不久的將來會遭遇到一段足以翻轉人生的歷練。我的實習目標設定是，希望可以助人、挑戰自我、讓自己變成一個更好的人。

當我第一次看到拙茁家園手心翻轉募款計畫時，我並不認為這個騎車環島的專案能夠有多大的幫助，因為所能募得的款項真的很少。但是，當拙茁家園的孩子們來到農場裡學習有機耕種，我有機會得以和他們一起活動和分享，我終於懂了有機生活型態對人生的影響。

在那段實習歲月中，對我而言，頤禾園就像是一個家，而且給予來自世界各地的國際志工們一個更好的遠景。每天一早醒來，就有清新的空氣和好山好水相伴；從農夫們快樂的臉龐上，接收到的是純粹的愉悅……這些獨特的正能量，只有這樣的地方能夠供給，儘管每天都有很多艱苦的有機農活要做。

走出慣有的舒適圈，總是會遇到一些我們之前不曾有過障礙和沮喪，或許是食物，也可能是睡眠習慣，又或者是我們不熟悉的人、事、物。我的作法是，把它們當作是不重要的小事；不要太在意，就是我的克服祕訣。

無論在葡萄牙，或是台灣，有愈來愈多人重視環保和有機，但仍需要更多人的支持。對於有機產業，我很敬重，也會持續推廣，一如我當初參與這項實習專案的初衷。

最後，我想感謝陳叔叔、Mike、Ann、Justin、Stefan、Petra、Kua、Wenny 和 Pichamol，還有其他的參與者和曾經幫助過我們的人。謝謝你們！

Petra Vondruskova

我是 Petra Vondruskova，現年二十一歲，來自捷克首都布拉格（Prague）。我目前就讀查爾斯大學（Charles University），主修人文，除了人類學之外，還包括政治與公眾管理。我的嗜好是跳舞、旅行、閱讀和自行車。正因為愛騎自行車，而把我帶到了台灣。

那是二〇一五年的暑假，我參與了一項為期兩個月的全球實習計畫，為的是協助身心障礙者。我來到台灣一處氛圍輕鬆、平靜又有許多和善人們的山谷，這裡有很多農場，其中有一座最為特別，是生態農場。在這座生態農場附近，還有一處庇護農場，也就是我實習的地方。若談到我對台灣的印象，第一便是台灣人的助人之心。

社區支持型農業的概念，不只在於相互支持，還會令人覺得，選擇有機真是最好的決定。我願意盡我的能力，以國際社群媒體宣傳去推廣有機農業，不只用中文版，也要有英文版。這是一個影像的時代，視覺比較容易成功聚焦，好設計的宣傳和網路運用可以創造奇蹟。我是這麼認為。

在有機農場裡，總有許多時令蔬菜和水果。茄子、南瓜、奔跑的羊，都教人難以忘懷。更重要的是，你很清楚，吃進嘴裡的食物是健康的，是受到細心照料和準備的。我多麼期望，捷克也能有這樣的有機農場。可惜的是，現在捷克的農產品多是依賴進口，很多都是不好的、受汙染的。捷克曾經有發展得很好的農業，但隨著農地被出售，現在我們進口的食物要比出口的食物多很多。許多產品廣告雖打著「捷克產」，但實際上卻是進口食品。

最後，我要感謝陳老師。我很高興認識他，更敬重他。他給予所有國際志工高度啟發與激勵，讓我們對人生有更美好的信念。如果沒有他，我就不會有那麼多難忘的回憶。他還教了我一句特別的話，就是「美女」，好希望可以再學得更多。謝謝你！很高興認識你！

Stefan

我是Stefan，來自德國，現年二十四歲，目前就讀德國海德堡大學（University of Heidelberg）數學系。

二〇一五年暑假，我生平第一次到台灣，當時是參與AIESEC的一個募款計畫；隔年（二〇一六年）的暑假，我又再次造訪台灣，而且參與了一場有機農園的一天營隊活動，協助教導小朋友有機耕種。

那是很精彩的一天，播茶、種菜、打水仗……玩得不亦樂乎，但最令我印象深刻的是插秧。基於德國的風土，傳統農作不外乎是玉米、馬鈴薯、各式穀類等，幾乎不種稻米；但是，超級市場是買得到米的。

在學校的課程中，我們曾經學過稻米的知識，也看過很多圖片，我粗淺知道，種稻需要大量的水和勞力。然而，當我的雙腳踩進泥濘裡，用手去挖洞並植入種子，一次又一次地重覆同樣的動作，我才了解，這是多麼辛苦的工作，感恩的心也油然而生。

在德國，食物是生活必需品，是便宜的；超級市場裡更有來自全球各地的食品。而經歷過在農場裡的親身體驗，我體認到，每一口食物的背後都有極辛勤的投資。對我而言，那是人生中極為珍貴的一天，雖然一整天下來，我們一身泥巴，全身都濕透，骯髒不已。

我要祝福陳老師和他所設計的體驗活動都很順利、成功。這是非常棒的體驗活動，每一位參與者在玩中做、做中學，寓教於樂；更重要的是，可以體悟到許多課堂上學不到的知識與態度。

Sebastian Leber

我是Sebastian Leber，現年二十五歲，來自瑞士。我擁有食品技術士的學徒證照，但目前正準備再進修，主攻精神科護理師的學士學位。

二〇一五年的十月，我以國際青農交換計畫（IFYE，International Farmer Youth Exchange）草根大使身分到台灣的頤禾園見習了十九天。

在這裡，我學到了有機農夫的相關技能，從如何耕種、管理、採收、包裝到銷售，還深刻體悟到農夫的日常，原來是如此耗費勞力。有好幾天，在一天的工作結束之後，我的手還一直不停地顫抖著；唯有親身經歷過，才會了解，也才會更加佩服與尊重在農田裡辛勞工作的農夫。

從有機耕作中，我體會到，這是友善地球的一個很好的方式；更何況，有機食物確實可以讓我們的身體更健康、身材不走樣。

現今的環境充斥著太多的毒素，大家應該要有所覺醒，不要再繼續毒害我們的身體和我們所賴以生存的地球。我想，最好的方式之一就是，親自走一趟有機農場，來一場食材之旅，你就會認同有機農法，開始消費有機食物。

在瑞士，農場數量不多，但每一座農場都很大，機器取代人力，幾乎做了所有農活。瑞士人習慣在大型的超級市場採買食物，比較少去街上的有機食品店。瑞士對有機食品的規範很嚴格，而有機食品的售價也相對昂貴許多。

雖然只在頤禾園待了將近三個星期的時間，但卻是一段非常難忘的時光，充滿了歡樂、美食和許多獨特的經驗，當然還有很辛苦的工作。謝謝陳老師，你教導我的一切，我會永遠記得；而且，你真的創造了一個很特別的農場。

國際志工 美洲篇

Vinicius de Oliveira Correia

我是 Vinicius de Oliveira Correia，現年二十五歲，來自巴西，是一位柑橘農夫之子，目前就讀於 Estadual de Maringá 大學農業系。

緣於我的主修——農業，我決定選擇相關的實習工作。我是從 AIESEC 平台得知頤禾園有機農園的，也因此有機會前往台灣當志工。我覺得，這是一個很好的經驗，讓我可以學習到不同於巴西的農業技法，還有差異的文化、農作物、食物、科技等，畢竟兩地的風土與人情並不盡相同。

我可以看得出來，頤禾園裡有很好的土壤。以我在巴西所學的有機栽種知識，及我在美國有機農場的四個月實習經驗，我了解到，巴西與台灣的有機栽種方式是很不同的。

我不是很喜歡某些工作，因為我不明白為何要刻意袪除豆子上的一些葉子、或不讓土壤太肥沃；我不需要看土壤檢測分析就能知道土壤的品質，因為光看植栽的外貌，我就可以判別出蔬菜是否缺氮和鉀、草莓是否缺鈣。但是，如果作物長得夠好，有我們想要的賣相，那一切辛苦都值得了。

在溫室裡栽種蔬菜，可以有效控制雜草，少了雜草的干擾，作物可以長得比較好，所有辛勞也就有了回報。然而在巴西，由於氣候與土壤的關係，雜草是很難控制的。

我很高興能夠有機會在頤禾園實習六個星期。至今，我仍然覺得，在台灣的二個月時間，是我人生中最棒的一段時光。即使工作很累、會想家，但我還是很喜歡台灣。

那時候的每一天，我和陳叔叔、Michelle Lim，我們都很快樂，時常開懷大笑。我還講了好多笑話、唱了好多歌、學了很多在地文化。連我自己都很訝異自己的改變。

我還記得，我見到了大陸來的道教道長，真是感到與有榮焉。我最傷心的時候是，在頤禾園實習的最後一天，真是難以跟好友們說再見，尤其Michelle離開台灣後，我哭了好久。

我想跟陳叔叔說：我超愛在頤禾園實習的經驗，謝謝你，教導我那麼多，包括尊重、農業、你的文化和台灣，以及這裡的人。謝謝你和頤禾園的所有人，我好愛你們的料理。期待再相見。

結語

希望園丁

務農，十年了。走過十個年頭，下一個十年，我的願景是什麼？我想，還是不變的初衷——「善」與「緣」。以「緣」點亮農村，以「善」的循環協助「緣」的永續。把事業變成志業，以頤禾園為基地，繼續複製N個有機小農場，訓練出N個希望園丁，持續推動「手心翻轉」計畫，一年複製一個希望農場，一起打造幫助弱勢自立、農民自強的希望工程。

回首來時路，如果農夫沒有遇上村姑，沒有一位一直在身旁默默支持的賢內助，這條路走得會更辛苦。我從一步一腳印中也體認到，人真的要腳踏實地：實實在在、簡簡單單、踏踏實實；以友善對人，就會得到友善的回饋；順應天地，即使有各種考驗，也能找到生存之道。有機耕種的道理，不也就是如此。只要你的心是良善的，無論是人或土地（環境）都會有回饋；將這樣的有機概念轉化成生活態度，便可以從容面對人生。

園丁 陳禮龍

所以，我愈做愈有興趣，尤其看到拙茁家園的孩子們變得如此開朗、有自信，一見到我，便大聲問好，張開雙手擁抱，或舉起手來擊掌；因為他們，我更加堅信，我可以一直地做下去。五年前，包括我自己，都還不知道，我的一畝有機田會生出這樣的力量，讓這些孩子從農田體驗中得到療癒，進而有自己的農場，活出自己的尊嚴，就像大自然一樣，只要給他們一個有機、友善的環境平台，生命自己會找到出路。我這一畝田的價值，已經不是種出多少一斤七、八十元的有機蔬菜，而是可以擴大的「善」。

下一個十年，可能的話，我會希望，一年推動一個「手心翻轉計畫」，或至少再複製五個愛心農場，於三個不同的國家。成立有機農場的一切技術問題都是可以克服的，重要的是人，一定要有發自內心的善念，才有成事和永續的可能。

和做有機農場一樣，如果起心動念不是「善」，不是為了友善土地和環境，不是為了友善消費者的身體健康，不是為了友善更多的人，而只是為了炒作有機市場以從中獲利，「綠」是無法永續的。

頤禾園成立至今，已經把有機農業做出迥異於一般農場的價值，以有限的人力在有限的土地，極大化地發揮其附加價值和邊際效應，成為一處兼具生態、農業、休閒、旅遊、教育、培訓、國際宣傳等多功能之農場。

而無論是有機農業，或是生態、教育、國際接軌……這些領域幾乎都是我所不熟悉的。只是，任何沒做過的事，我都願意去做；愈有難度，我愈想嘗試去做好。例如：剛開始接待國際志工時，語言溝通有極大的障礙，第一次的對話只說了三十秒，就把這輩子所學的英文用完了，空氣瞬間凝結，我只好逼自己每天都多背上兩句英語，一千多個日子的累積，迄今已接待四十三國的志工，以英語簡單的上課、聊天、講笑話都不成問題。

我也從沒有過辦活動的經驗，但接待了那麼多異國來的都市孩子，覺得何不在頤禾園這如此安全的場域裡，讓他們可學、可玩、可交流，於是就一時興起地辦了異國料理和奧運插秧比賽，以在地食材做異國料理，從中潛移默化地傳遞支持在地有機小農、保護環境、資源整合的概念。沒想到，這場活動被收錄在康軒版本的國小教材中。

就連社區大學邀我去授課，我也沒有拒絕，反而視為一個精進自己、推廣環境與食農教育的好機會。而且因為要上台講課，我就逼著自己充分備課，在短時間內去系統化地學習並吸收了更多的理論，然後再輔以我自己的實作經驗談。於是，我又多了一重身分——講師。

不自我設限，而是一點一滴地累積，在有限的資源裡去整合，就慢慢地做出了一點名聲，走出了這一條路。

沒遭遇過挫折嗎？怎麼可能！剛務農時，技術還不到位，菜種不出來，而草卻不受控制地一直長，我心裡超鬱卒的；一開始，雖已設定營運模式，但招不到「穀東（會員）」，也是手足無措。只是，礙於面子和擔心影響家人情緒，再挫折，我也從不說出口，不認輸的個性讓我繼續堅持下去。所幸，一切漸入軌道與佳境，至今終於可以期待未來遠景。

十多來的經驗證實，農夫一定也要是經理人。有機農業的技能很容易上手，重要的是農場的經營管理。菜長出來了，一旦賣不掉，再辛苦，都歸零。現代農場需要重新定位，要從商業運轉和行銷策略的面向去思考，如何做出市場差異化。以頤禾園而言，差異化就是社區支持型農業和社會企業，也就是「綠」與「善」的結合。

在「綠」與「善」的核心價值上，我盡心營運本業——就是食物里程在方圓三十公里內的社區支持型有機小農場，但也經由多角化經營，創造其他附加價值和收入。我不只著眼於耕種和銷售，我還需要開創出成功的營運模式，才能吸引更多人投入有機小農行列，逐步擴大友善環境的面積。

我期盼的是，有更多人一起來友善環境；我從不在意或擔心別人帶走我的客戶，也不擔心被複製。我認為，這是另一種分享經濟的概念，彼此分享，不必一個農場獨大，而是以許多小農場來群聚，每個小農場主人都會有精彩的故事與你分享，也會有自己小農場的特色，才能做到真正的社區支持型農業，達到地產地銷，低（零）食物里程的目標。

十年的農夫路，對我的人生影響很大，腳踏「食」地，已從當初的事業第二春，逐漸轉變為志業，愈做愈興趣盎然。正如同我在序言裡所說的，良善的心一啟動，就會感染其他人一起呼應，把疼惜擴散出去，形成良善的循環。

展望未來，頤禾園要做的事情還有很多：持續推動環境教育並積極參與相關的組織及活動，以達永續發展的目標；強化食農教育，依不同年齡層，設計合適的教育訓練與體驗內容；籌畫阿禾農法大學校，以更有系統的方式進行友善環境栽培教學與交流；申請環境教育人員認證、環境教育設施場所認證、環境教育機構認證；繼續與國際接軌，複製國際體驗營活動至其他地方。

後記

以良善的心，盡其在我

村姑 彭俐芳

好像才一轉眼的時間，頤禾園也十年了。這十年來，我們其實也沒什麼特別的想法，只是一直做著，就這麼做下來了……若真要說有什麼成就或欣慰之處，應該是得到父親的認同吧，在他離世之前……

和其他長輩一樣，一聽說我們要回來務農，我的父母親也是不太理解和不看好的，可能也是出自於心疼和捨不得吧。但是，漸漸地，當他們看到我們所做的一切，尤其是看到拙茁家園的孩子，從閉塞到開朗，會大聲地叫他們「阿公」、「姑姑」，還張開雙手擁抱他們，他們高興之餘，也有所改觀。

我的父親是一位熱心公益的人，常常告誡我們：「要做善的事。」我還記得，他生病之時，精神或許已經恍惚，但還是會跟我聊說：「人，要多做一些有益社會的事，不要只想到賺錢！」所以，看著我們從「緣」延伸出去的「善」，已經在拙茁家園的孩子身上發生正向的影響力，他是認同的。

事實上，當初我們會決定回來務農，也一樣是出自於心疼與捨不得。我家原本就是農家，也很早就轉型做有機農業，曾經擁有八十多座的溫室。然而，一個納莉颱風，把溫室摧毀殆盡，父親一輩子的心血在一夕之間全沒了。老人家已無力修復溫室，只能眼睜睜地看著溫室的鐵管被拆下來當廢鐵賣，他的心裡真的是無奈又沮喪。

看著父母親身體每下愈況，守著僅存的一、二十座溫室，已經六十多歲的兩老和一名比他們更老（八十多歲）的鐘點幫農，三位老人在田裡耕種，我們很是心疼。再想到，哪一天他們做不動了，萬一好好的有機田地被迫荒廢或返回慣行農法耕作，我們也很捨不得。於是，更堅定了我們回去做有機農業的念頭。

我的先生是一位很有計畫性的人，無論做什麼事都會事先進行完整的規劃，我笑稱他為「祕書」，祕書怎麼安排，我照著做就對了，從沒有排斥過，也不曾有過爭執。一開始，我們的起心動念就是「疼惜」，疼惜老人家，疼惜那塊有機田地，並不是為了種菜而種菜，我們為農場設定的目標也就更不同於一般農場。我們很確定，我們一定要「綠」、要「善」，也要「永續」。

二〇〇七年，那一年的暑假，農場開始整建，新建蔬果冷藏、包裝作業區等一些硬體設施，在一邊挖地、整地的同時，我也開始自我心理建設。雖說出身於農家，但我頂多只是看著父母親耕作或幫點澆水、拔草的小忙，根本談不上什麼實作經驗，更甭談理論了。我記得很清楚，第一天下田時，我心情很亢奮；一想到可以親手把苗栽種到土裡，我就無比的興奮。只是，想像和實作有很大的差距。

那時是春天，氣候還算涼爽，但傍晚五、六點就天黑了。我從下午一點進溫室，一直種到太陽下山了，還是沒種完，於是就把摩托車騎到溫室門口，靠著車子頭燈的照明，繼續挑燈種苗，直到晚上七、八點；整個下午，我父母親、叔叔、伯伯、路人經過，都還進來幫我種一些。現在啊，同樣的量，我至多一個小時二十分就可以完成，體力、潛力早就全都被發掘、激發出來了。

不諱言，一開始的確是辛苦的，尤其是體力的適應、經驗及產能的不足。還好，我父母親總在一旁伸手援助；而且，最重要的是，經驗的傳承。就這樣，幾個月後，我們已經能逐漸地上手了。

再則，我們所設定的經營方式和目標，是跟上一輩不一樣的；我們不只要務農，也要多元經營，還要以「善」的循環來幫助「緣」的永續，這是上一輩從沒想過的。我們通常會擬訂五年、十年計畫，再朝著目標一一去實踐。

十年下來，就像倒吃甘蔗般，因為整個農場的運作上軌道了，工作時間也有很好的調配，我反而多了很多自由的時間。現在，「村姑」也升級成為講師、訓練師，除了持續輔導拙茁家園和美好基金會的農場，訓練他們的老師，也去社區大學授課。

我常跟孩子講，凡事盡其在我，做什麼就像什麼，拿捏好應對進退，那就好了。當我是媽媽的角色時，我就做個好媽媽；回來當村姑，就是好村姑；沒辦過活動，當然會很緊張，但凡事都有第一次，就盡全力去做。所以，村姑而今變身講師，以前的種種經歷，都是成就現在這個「我」的養分。

對我們而言，做任何事，認真做，絕對不可能沒飯吃；有一顆良善的心，做對的事情，自然會有人支持。因此，無論是第一次創業，或是中年轉換跑道、再次創業，我們都沒有為「失敗」這兩個字擔過心。或許，過程中會有些不完美，我們就虛心接受，然後據以改進，從不覺得有什麼挫折或煩惱。

我想，我的個性是很隨遇而安的；可以在不同時間點做不同的事，我也覺得很好。未來，不管五年、十年，就依著我的「祕書」的規劃，一步一步地往前走，極大化農場的價值，活化這塊土地，讓有機農場能夠一直持續，有綠色的產出，還可以幫助弱勢者。

附錄

CEO的有機生活

什麼是有機生活？我認為，有機生活是一種生活態度，或是一種生活型態。想要實踐有機生活，先要「改變」，從理念和消費行為模式的改變開始！

首先，實施「減法」生活，檢視你的需求，是「需要」，還是「想要」？是「想吃」，或「需要吃」？然後，把「想要」排除，做有「需要」的。刪掉了許多不必要的欲望，便能減少許多不必要的資源浪費，大大減輕地球的負擔，友善我們所生存的環境。

我常在想，人類大概是地表上唯一不清楚自己吃下肚的食物是哪裡來的動物。像是蜜蜂、羊，都是去找食物，很清楚花蜜、草在哪裡生長。只有人類因為現在的生活太便利，飯、菜擺一桌，但米和蔬菜是哪裡種的？有沒有重金屬汙染？被施了什麼肥料和農藥？絕大多數的人都莫名所以。實情是，化學肥料、農藥，甚至碗、筷等餐具，都和石油脫不了干係；環境裡有無所不在的化學合成物質，人體內也殘留許多化學毒素，人類成了擁有兩條腿的化學加工產品。人類自以為是的工業成就，大肆汙染大地，被汙染的大地滋養著萬物，人類再經由食物鏈吃下受汙染的動植物，形成一個一起走向毀滅的惡循環。

飲食是人類維生之必要，人都「需要吃」，那該「怎麼吃」，才能「安心吃」？一九六〇年代，用嘴巴吃飯，求吃飽；一九九〇年代，用眼睛吃，吃精巧；現在呢？要用腦筋吃，才能吃健康。在吃之前先想一下，自己吃的食物是從哪裡來的？了解食物背後的真相，了解長期攝入毒素的後果！

現代人的飲食，高油、高鹽、高糖，過度精緻，很多人不僅不清楚食物的來源，甚至不知道食物的原形、原味。所以我強調，要用腦筋吃飯；去了解食物從生產到銷售、從產地到餐桌的過程和背景，其間只要每多經一道加工程序，就會多一個有化學添加物的機會。

就我的經驗，很多人來農場親自體驗一趟食材之旅，了解食物的生長與種植過程後，就會把家裡冰箱和儲物櫃裡的許多食物都換掉，開始改變飲食消費習慣。因為，他們實際體認到，安心吃飯這件事真的很重要。

有機是什麼？

有機是什麼？有機蔬果為何安全？最嚴格的有機定義是日本MOA，採自然農法，完全不得使用任何化學物質。台灣則定義有機為一種完全不用任何化學合成物質的生產方式：人的糞尿和任何受汙染的有機資材，或是未經堆積發酵過的禽畜糞等，都不得使用；有良好的環境條件，空氣、土壤及水源必須無汙染。

在台灣，一座有機農場通常要先經過水質和土壤檢測，確定沒有遭受任何汙染情形；倘若鄰近有工廠排放廢氣、落塵、廢水、廢棄物等汙染，不能有效的隔離及排除汙染，就不能符合有機農場認定。

現行市場上有很多標示，但唯有經過有機驗證機構所認證的標章，才是有機產品。標示無農藥殘留，就僅表示沒有農藥殘留，不代表沒有使用農藥。而即使強調不用農藥，也不代表有機，因為用什麼肥料也很重要，如：有機是禁止使用尿、糞的，裡頭含有很多抗生素、重金屬、化學物質；廚餘也不行，一樣有很多化學物質。此外，吉園圃、生產履歷和生機，也都不算是有機。

農委會明文規定，真正的有機農產品，必須要同時貼有雙標章，即：合格的有機驗證機構的驗證證書字號，及農委會的台灣有機農產品（CAS）標章。目前農委會認可的有機驗證機構有十餘家，包括：財團法人國際美育自然生態基金會（MOA）、台灣省有機農業生產協會（TOPA）、慈心有機驗證、國立中興大學、中華驗證等，可以上「有機農業全球資訊網」查詢。

清理食材的方法

若真的很難取得有機食物，又有安全顧慮時，該如何判別、處理食材？一般而言，農藥的消退期是七到十天，若有用藥，最好是經過七到十天再採收或吃。但是，有些蔬果是無法避開農藥的，例如：屬於連續採收型的作物——番茄、草莓，同一株植栽上所

連續採收型作物

由於作物採收期長，成熟部位和開花授粉階段同時並存，為了杜絕蟲害，慣行農法的生產者通常會持續噴灑農藥，農產品因而易有農藥殘留。

此類型作物包括：豆菜、茄科與瓜果類農產品，如四季豆、豌豆、番茄、茄子、小黃瓜、苦瓜、甜椒，以及水果類的草莓等。

結的果實有大有小，但絕不可能一顆一顆噴藥，一定是整株、整片園子都噴，而已近成熟或大顆的番茄又不可能再等七天才採收，便極可能在殘留藥量最高時被採下、上市場、到餐桌；其他相似狀況的，還有小黃瓜、茄子、甜椒、菜豆等。

殘留在蔬果上的農藥是很難被沖洗掉的，更不用說那些直接進入土壤裡的農藥，這就是為什麼有機農場的環境認證必須嚴格。一座有機農場，除了場域得先取得有機認證之外，之後的耕種也要全程遵循有機規範，同時持續維護水土的保育和生態平衡，並定期接受檢驗。一座有機農場，它的生態是活躍的，害蟲和益蟲並存，土質軟，有雜草。

環境保護意識抬頭，及對於食品安全的疑慮，很多人都傾向認同有機食材，但卻又覺得價格昂貴，買不下手，或難以持續。試想，若把未來的醫療費用反推回來，就會知道有機產品到底貴不貴。可是，為什麼大多數人寧可把錢付給醫生，而不願意付給生產有機蔬果的農夫呢？

除了理念支持有機，可以的話，不妨也以行動支持，改變採買習慣。我建議，先從支持在地小農做起，讓他們可以存活下去，而且地產地銷，還能夠減少食物里程、碳足跡，雙重友善土地。在有機農業全球資訊網上，即可查詢到有機農場、有機專櫃、有機農夫市集等相關資訊。

每一位消費者在找到距離最近的有機農場訊息後，先去實地勘查一下，並跟農場主面對面地聊一聊，從看和聊的五分鐘時間內，就可以知道這一家有機農場值不值得信任；農場主眼神有沒有亂飄，是不是隱匿某些地方不給看，講話是否吞吞吐吐、支支吾吾……若是，那就得質疑是否另有隱情了。花點時間，腳踏「食」地去觀察，透過自己的眼睛去看，包括：周遭有沒有汙染源。

我一再強調，有機是一種生活態度，如果一家有機農場是真心在做有機農業，就一定也會保護到周邊環境；支持有機，也是支持小農保護環境的用心，而不只是他所生產和銷售的有機蔬菜。再則，在地也很重要，「樂活一〇〇」，「一一」起守護家園、「〇」食物里程、「〇」廚餘，如此的社區支持型農業，是最理想的有機方式。

有機
生活

如何清洗掉蔬果上的殘留農藥？

對付農藥殘留，婆婆媽媽洗菜的方式有很多種：用水清洗三次、用流動的水清洗、泡在流動的水裡、泡鹽水、泡蘇打水……你，用的是哪一種呢？蔬果上的殘留農藥是可以被洗掉的嗎？

農藥的用途就是對抗害蟲，以蟲進食的模式來誘殺蟲，農藥可分為：接觸型、系統型兩大類。

針對啃蝕葉面和果實的害蟲，必須要把農藥直接作用在葉面和果實上，因此所用的農藥要有一定的附著度，才不會被雨水或水給沖掉，免得一灑水或一場大雨過後，農藥的藥性就沒了。既是如此，光是用水清洗蔬果，顯然不足以洗掉農藥殘留，可能得配合用手搓揉和刷子刷除。試問：有哪些蔬菜是禁得起又搓又揉又刷的呢？

有一些害蟲的口器是針狀的，進食的方式是戳進葉面裡吸食汁液，針對這種害蟲，只在植株表面上噴農藥是徒勞無功的，只能夠透過植株的根部，讓植物把農藥吸收進去，才能達到殺蟲的作用。這種系統性的農藥，是怎麼用水清洗也洗不到的。

套句農藥專家說的話：農藥若是那麼輕易就洗得掉，那就不叫農藥了。但也別太擔心，農藥並非完全無解。若合法使用的農藥，一般而言，是可以透過光來進行分解的，約莫七到十天可分解完畢。如果買菜時，不知有否農藥殘留，那麼就正反面各曬個七天，只是有哪些菜經得起曝曬兩星期呢？

既然洗不得也曬不得，只好不要去買可能會有高劑量農藥殘留的蔬果，如連續採收型作物。以小黃瓜為例，成長得很快，從開花到瓜熟只要三、四天的時間，同一植株裡，有剛開花，有已結果，若要噴農藥，自是整株噴，所以極可能有避不開七到十天的分解期而在農藥殘留量最高時被採摘的小黃瓜。番茄、青椒、茄子也都屬於這類型作物。

如果，以上方式都還令你不安心，何不採取最簡單又安全的方式？直接購買有機蔬果！

國家圖書館出版品預行編目（CIP）資料

「立志做小」的農夫CEO：有機小農的創新營運模式，把一畝田，行銷全世界的共好經濟學／陳禮龍著.
初版. 臺北市：遠流，2017.09
256面;14.8×21公分.（綠蠹魚；YLP13)
ISBN 978-957-32-8056-9(平裝)
1. 農民 2. 農業經營
431.4　　106013824

綠蠹魚 YLP13

「立志做小」的農夫CEO：
有機小農的創新營運模式，把一畝田，行銷全世界的共好經濟學

作　　者　陳禮龍
插畫(阿禾)　樂菓子文創股份有限公司
執行編輯　莊月君
封面設計　萬勝安
內頁設計　費得貞
副總編輯　鄭雪如

—

發 行 人　王榮文
出版發行　遠流出版事業股份有限公司
104005 臺北市中山北路一段11號13樓
電話　(02) 2571-0297
傳真　(02) 2571-0197
郵撥　0189456-1
著作權顧問　蕭雄淋律師

—

2017年9月1日 初版一刷
2021年8月16日 初版二刷
售價新台幣340元（如有缺頁或破損，請寄回更換）

ISBN　978-957-32-8056-9
遠流博識網　www.ylib.com　E-mail: ylib@ylib.com
遠流粉絲團　www.facebook.com/ylibfans